AF366076

PREMIÈRES NOTIONS

SUR

LES ANIMAUX, LES PLANTES

ET

L'INDUSTRIE

COULOMMIERS

Imprimerie PAUL BRODARD.

PREMIÈRES NOTIONS

SUR

LES ANIMAUX, LES PLANTES

ET

L'INDUSTRIE

A L'USAGE DES ÉCOLES ÉGYPTIENNES

PAR

PELTIER BEY
Directeur de l'École normale
et du lycée Tewfik du Caire

V. GUEDEU
Professeur à l'École normale
et au lycée Tewfik du Caire

DEUXIÈME ÉDITION

PARIS
LIBRAIRIE HACHETTE ET Cie
79, BOULEVARD SAINT-GERMAIN, 79

LE CAIRE
R. KUSTER ET C^o

1898

PREMIÈRES NOTIONS

SUR LES

ANIMAUX, LES PLANTES ET L'INDUSTRIE

PROGRAMME DE PREMIÈRE ET TROISIÈME ANNÉES

PREMIÈRE PARTIE

PREMIÈRE LEÇON

LES ANIMAUX

1. *L'homme est-il seul sur la terre?* — Non; autour de lui, il y a sur la terre et dans l'eau des **animaux** et des **plantes**; dans la terre se trouvent des **pierres** et des **métaux** qui lui sont très utiles.

2. *L'homme se sert-il de tous les animaux?* — Non ; plusieurs animaux, tels que le lion, le tigre, les souris, les moustiques, ne font que du mal : ce sont des **animaux nuisibles**; au contraire, le chien, le bœuf, le cheval, sont utiles.

3. *L'homme n'élève-t-il pas des animaux utiles pour s'en servir plus facilement?* — Il élève le chameau, le bœuf, le cheval, le mouton, les poules, etc.; tous ces animaux sont des **animaux domestiques**.

1

4. Comment appelle-t-on ceux qui vivent seuls, dans les campagnes et les forêts? — On les appelle **animaux sau-**

Lion.

vages : le lion, le loup, le renard sont des animaux sauvages. Presque tous ces animaux sont nuisibles.

LE CHAT

5. Pourquoi l'homme élève-t-il les chats? — Parce qu'ils sont habiles à attraper les rats et les souris qui mangent le pain, le fromage et même les vêtements.

6. Le chat était autrefois sauvage; ne connaissez-vous pas de grands chats sauvages? — Il y a le lion avec sa grande crinière, le tigre, le plus féroce de tous les animaux, la panthère, le léopard, le jaguar ou tigre d'Amérique.

7. *De quoi se nourrissent ces animaux?* — Ils font la guerre aux troupeaux de bœufs, de gazelles, aux chèvres sauvages, aux girafes, et attaquent presque tous les animaux. Ce sont les plus dangereux animaux sauvages. Ils vivent dans les forêts des pays chauds, surtout en Afrique et dans l'Inde.

LE CHIEN

8. *A quoi sert le chien?* — C'est un animal très utile. Il est fidèle et dévoué; il garde la maison, les troupeaux, défend son maître, conduit les aveugles. L'homme le dresse pour la chasse et lui apprend à trouver et à poursuivre les lapins, les lièvres, les cailles, etc.

9. *Nommez quelques espèces de chiens.* — Le mâtin ou chien de garde, le chien de chasse, le chien de berger, le boule-dogue avec sa grosse tête ronde.

10. *Le chien était autrefois sauvage; trouve-t-on encore des chiens sauvages?* — Il y a : le loup, grand chien maigre, assez fort pour emporter un mouton; le renard, petit chien au museau pointu, à la queue longue, qui mange les poules, les lapins, les cailles, et s'introduit jusque dans les maisons; le chacal, qui ressemble tout à fait au chien d'Égypte, se nourrit d'animaux morts et ne sort que la nuit.

11. *Où trouve-t-on ces animaux?* — Partout; dans les pays chauds et dans les pays froids; dans les forêts et dans les campagnes. En Égypte, les loups et les renards se cachent dans les champs de maïs, de cotonniers et de cannes à sucre.

DEUXIÈME LEÇON

LE CHEVAL — L'ANE

1. *A quoi sert le cheval?* — Le cheval est un animal domestique très utile. Il court vite attelé à une voiture ou chargé d'un cavalier ; il sert pour le travail, la promenade et la guerre.

2. *Qu'est-ce que le baudet?* — L'âne ou baudet est un petit cheval qui traîne les voitures ou porte sur son dos les

Cheval.

hommes et les fardeaux. Il est moins fort et moins rapide que le cheval, mais il est plus patient et plus facile à nourrir. En Égypte, on s'en sert beaucoup comme **monture** ; les fellahs l'emploient pour les travaux des champs, et pour porter à la ville leurs fruits et leurs légumes.

Le mulet, un peu plus petit que le cheval, et un peu plus grand que le baudet, est employé aux mêmes usages que les ânes et les chevaux.

LE BŒUF

3. *Le bœuf est-il aussi utile que le cheval et l'âne?* — Il est encore plus utile. En Égypte, il laboure la terre, traîne de lourdes charrettes et tourne la sakieh ; il est très fort,

mais il marche très lentement. De plus, sa chair est
une très bonne nourriture ; sa peau, son poil, ses os,
ses cornes, tout est utile.

La **vache** est la femelle
du bœuf, elle travaille
comme lui, mais est
moins forte. Elle donne
le **lait** si bon à boire, avec
lequel on fait le **beurre**
et le **fromage** ; son petit se
nomme veau. Tout en elle
est utile, comme dans le
bœuf.

Bœuf.

*4. Les bœufs n'ont-ils pas des noms différents selon les
pays ?* — En Égypte, on les appelle **buffles** ; en Asie, on trouve

Bison

le **yak** dans les montagnes ; dans l'Amérique du Nord, on
rencontre fréquemment des troupeaux de plusieurs milliers
de **bisons**.

LA CHÈVRE — LE MOUTON

5. Quelle est l'utilité des chèvres et des brebis ? — Elles donnent un lait très nourrissant, qui sert aussi à faire du beurre et du fromage. Leur peau donne de bon cuir. Le poil des moutons et des brebis se nomme **laine**, il sert à la fabrication de nos vêtements.

Enfin, la chair des moutons, des jeunes moutons ou **agneaux**, des jeunes chèvres ou **chevreaux** est très bonne à manger.

A l'état sauvage, on trouve encore des chèvres. Les **gazelles** d'Égypte, les **antilopes** du centre de l'Afrique ressemblent un peu à la chèvre.

TROISIÈME LEÇON

LE CHAMEAU

1. *Quel est l'animal le plus utile aux Arabes ?* — C'est le **chameau**. Le chameau remplace le cheval, la vache et le mouton pour l'Arabe du désert.

Chameau.

2. *Quelles sont ses qualités ?* — Il est très fort et très rapide; il porte de lourds fardeaux, et fait de grandes courses à travers les déserts. Il peut rester plusieurs jours sans boire, ni manger. En outre, le Bédouin boit son lait, tisse son poil pour faire sa tente et son burnous.

Sans cet animal précieux, il serait impossible de traverser les déserts.

3. *Connaissez-vous plusieurs espèces de chameaux?* — Il y a deux espèces de chameaux : le **dromadaire** ou chameau d'Égypte et d'Afrique, qui n'a qu'une bosse, et le chameau d'Asie, qui a deux bosses sur le dos.

Ces animaux ne peuvent vivre que dans les pays chauds.

4. *De quoi se nourrissent-ils?* — Dans le désert, le chameau partage souvent avec son maître. On les nourrit généralement d'herbe, de dattes, d'orge ou de fèves.

LE RENNE

5. *Dans les pays très froids du Nord, quel est l'animal*

Renne.

qui remplace le cheval et le bœuf? — C'est le **renne**, sorte de grande chèvre avec des cornes à plusieurs branches.

Le renne est aussi utile pour les habitants de ces pays

glacés que le chameau pour les Arabes du désert. Les hommes l'emploient pour tirer leurs **traîneaux** sur la neige; ils boivent son lait, mangent sa chair et se font des vêtements avec sa peau.

Cet animal se nourrit d'herbe et de mousse, qu'il cherche lui-même sous la neige.

L'ÉLÉPHANT

6. *Connaissez-vous un autre animal employé, comme le cheval et le bœuf, à porter et à traîner de lourds fardeaux?*

Éléphant.

— Dans tous les pays civilisés, on rencontre le cheval et le bœuf domestiques. Cependant dans l'Inde et dans l'Indo-Chine, on emploie encore l'**éléphant**.

7. *Qu'est-ce que l'éléphant?* — C'est le plus gros animal qui vive sur la terre. Son nez très long, nommé **trompe**, lui sert à prendre sa nourriture; de sa bouche sortent deux longues dents appelées **défenses** qui fournissent l'**ivoire**; ses

jambes ressemblent à des pieds de palmiers; tout son corps est recouvert d'une peau noire si épaisse et si dure que les balles des fusils peuvent à peine y entrer.

8. *Où trouve-t-on ces animaux?* — A l'état sauvage, ils vivent en grandes troupes dans les forêts, au bord des fleuves en Afrique et dans l'Inde. Il leur faut un climat chaud et humide. Ils ne vivent que d'herbes et de jeunes plantes.

QUATRIÈME LEÇON

LES OISEAUX

Coq, Poule et Poussins.

1. *Tous les animaux que nous avons vus jusqu'ici ont quatre pieds, une bouche garnie de dents, le corps couvert de*

poils; les oiseaux ressemblent-ils à ces animaux? — Non; les oiseaux ont le corps couvert de plumes; ils **ont un bec dur et** pointu; pas de dents; ils n'ont que deux pieds, les deux autres membres sont remplacés par deux ailes avec lesquelles ils volent.

2. *Les oiseaux sont-ils utiles?* — Ils sont très utiles; ils font la chasse aux mouches, aux vers et à tous les insectes.

3. *Connaissez-vous des oiseaux domestiques?* — L'homme

Canard.

élève plusieurs sortes d'oiseaux nommés **oiseaux de basse-cour.** Les principaux sont :

La poule et le coq dont les petits se nomment **poulets** et **poussins,** la dinde et le **dindon,** la **pintade** ou poule d'Afrique, l'oie, le canard et les **pigeons.**

4. *De quoi se nourrissent ces oiseaux?* — Quand ils sont en liberté, ils trouvent eux-mêmes leur nourriture, qui se compose de vers, insectes et graines. Dans les basses-cours, on les nourrit avec des graines de blé, d'orge et des fèves.

Les canards et les oies ont besoin d'eau ; ils aiment beaucoup à se baigner. Voyez leurs pieds ; les doigts sont réunis par une peau fine ; on dit qu'ils ont les **pieds palmés**. Tous les oiseaux qui nagent bien ont les pieds palmés.

5. *Qu'est-ce que ces oiseaux fournissent à l'homme?* — Ils pondent des œufs très bons à manger, ils nous donnent leur chair, leurs plumes et leurs petits.

6. *Connaissez-vous un oiseau dont les plumes sont très recherchées ?* — Oui, l'autruche, qui a de grandes jambes, un long cou et une toute petite tête ;

Autruche.

elle ne peut pas voler, mais elle court presque aussi vite que le cheval arabe.

Avec les plumes de l'autruche, on fait des éventails et des plumes pour orner les chapeaux des dames.

7. *Dans quel pays trouve-t-on les autruches?* — En Afrique, où elles vivent à l'état sauvage. On les élève quelquefois dans des **parcs**, comme à Matarieh près le Caire.

8. *Comment naissent les petits des oiseaux?* — Tous les oiseaux viennent d'un œuf.

A une certaine époque de l'année, les oiseaux s'assemblent deux à deux, font un **nid**, y déposent des œufs, qu'ils **couvent** pendant plusieurs semaines. Les petits sortent des œufs couvés.

9. *Connaissez-vous un autre moyen d'avoir des oiseaux?* — Au lieu de faire couver les œufs par les oiseaux, on peut les déposer dans une boîte, que l'on tient toujours chaude; les petits **éclosent** comme dans le nid. Il y a bien longtemps que les Égyptiens connaissent ces **couveuses** et les emploient pour avoir des poulets.

CINQUIÈME LEÇON

LES BATRACIENS — LES REPTILES

1. *Vous avez pu entendre le soir, au bord du Nil et des canaux, des animaux qui chantaient « coac! coac! » Quand on les approche, ils sautent dans l'eau et se cachent. Comment les appelle-t-on?* — Ce sont les grenouilles. Ces animaux sont presque toujours dans l'eau; ils ont quatre pattes, deux petites devant, et deux grandes derrière qui leur servent pour nager et sauter. Ils peuvent rester longtemps cachés sous l'eau; ils en sortent pour manger des insectes et pour respirer.

2. *Connaissez-vous une sorte de grenouille très laide, dont la peau est sale, ridée, et qui vit dans les jardins? On l'entend chanter le soir aussi.* — C'est le **crapaud**; il est plus gros que la grenouille; il est utile dans les jardins, ne le tuez pas, car il détruit beaucoup de vers,

de limaces, de chenilles qui mangent les légumes et les
fleurs.

Grenouille.

LE LÉZARD

3. *Souvent dans le désert et près des maisons, on rencontre de petits animaux verts, gris ou jaunes qui ont le corps
allongé, une longue queue et quatre petites pattes si courtes
que leur corps traîne sur la terre quand ils marchent.
Comment les nommez-vous?* — On les appelle lézards; leur
peau est dure; ils n'ont ni poils, ni plumes; on dit qu'ils
rampent.

4. *Tous les animaux qui marchent en rampant, comme les
lézards, sont des* reptiles. *En connaissez-vous d'autres?* —
Oui, les crocodiles, les **tortues** et les serpents.

Tous ces animaux sont bien différents, cependant, tous

Lézards.

ont la peau dure, et si vous les touchez vous trouvez leur corps froid.

LE CROCODILE

5. *Qu'est-ce que le crocodile?* — C'est un grand lézard,

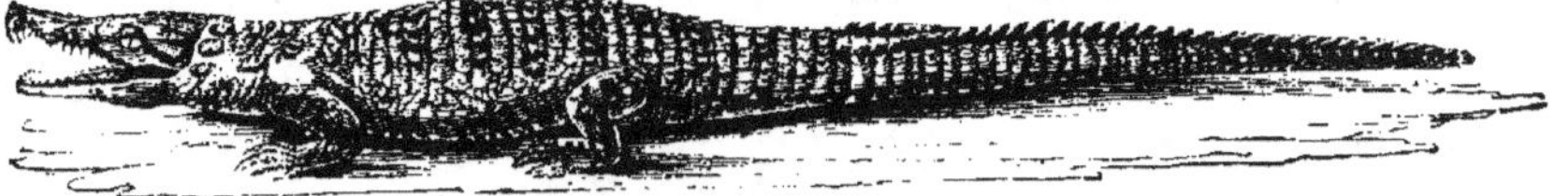

Crocodile.

long de plusieurs mètres; sa large gueule est garnie de dents longues et pointues; sa peau est si dure qu'il est très difficile de le tuer avec un fusil. C'est un animal dangereux, capable d'étrangler un bœuf.

6. *Dans quels pays le trouve-t-on?* — Dans tous les pays chauds, au bord des fleuves et des lacs; on en rencontre de grandes bandes dans le cours supérieur du Nil, dans le Congo et les grands lacs de l'Afrique centrale.

Le crocodile du Gange (Hindoustan) se nomme **gavial**, celui d'Amérique est appelé **caïman**.

Les crocodiles vivent cachés dans les herbes du rivage, épiant, pour les étrangler, les animaux qui viennent boire.

LA TORTUE

7. *Par quoi les tortues sont-elles remarquables?* — Leur corps est enfermé dans une sorte de boîte osseuse très épaisse.

Tortue.

De cette boîte on voit sortir quatre petites pattes, une petite tête et une petite queue. Elles marchent très lentement.

8. *De quoi vivent-elles ?* — Elles se nourrissent de vers, d'insectes ; elles sont très utiles dans les champs et les jardins.

Les unes vivent sur la terre, les autres dans la mer.

LES SERPENTS

9. *Tous les reptiles que nous avons vus ont des pattes ; les uns, comme la grenouille, marchent en sautant, les autres courent très vite, comme le lézard, ou avancent très lentement, comme la tortue. Comment appelle-t-on ceux qui n'ont pas de pattes ?* — On les appelle **serpents** ; leur corps est cylindrique, très allongé, leur tête toute petite ; leurs dents sont pointues, souvent recourbées en crochets et leur langue petite et fourchue.

10. *Les serpents sont-ils nuisibles ?* — Quelques-uns sont **venimeux** et leur morsure peut tuer les animaux et les hommes ; d'autres ne sont pas venimeux. La **vipère**, l'**aspic** sont venimeux ; la **couleuvre**, le **boa** ne sont pas venimeux.

Les petits serpents se nourrissent d'insectes, de grenouilles. Les plus gros mangent des oiseaux, des chèvres et tous les animaux qu'ils peuvent attraper.

11. *Comment peut-on les reconnaître ?* — Les serpents venimeux ont la bouche armée de deux grandes dents crochues avec lesquelles ils déposent leur **venin** dans la chair. Les autres n'ont pas

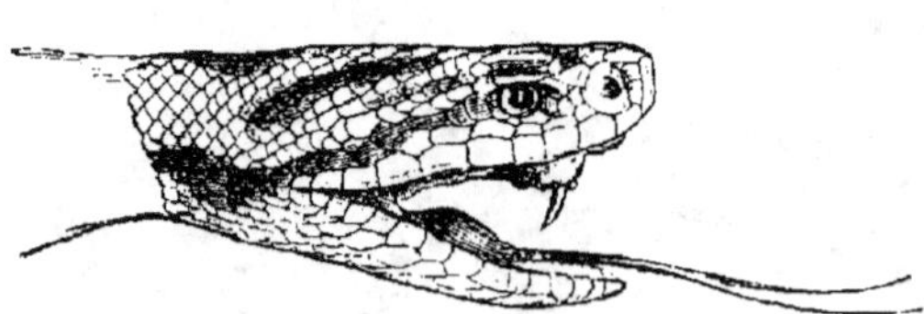

Tête de serpent venimeux.

de crochets, ils ont de petites dents et leur morsure ne tue pas.

Comme il est très difficile de les reconnaître, il vaut mieux s'éloigner de tous les serpents.

LES INSECTES

1. *A quoi reconnaît-on les insectes?* — Leur corps est divisé en trois parties : la **tête**, la **poitrine** et le **ventre**; ils ont **six pattes**, presque tous ont des ailes très fines et quelquefois très belles, comme les papillons.

2. *Nommez des insectes.* — Les insectes se présentent sous plusieurs formes, et leur nombre est immense.

Abeille.

Sur la terre nous voyons courir : les **fourmis** qui emportent toujours quelque chose dans leur **fourmilière** souterraine, où elles vivent par milliers; les **sauterelles** vertes qui sautent dans l'herbe, avec leurs deux longues pattes de derrière; au bord de l'eau volent les **libellules**; dans nos maisons vivent les **mouches**, les **moustiques** et les **puces**; autour des plantes et des fleurs voltigent les **abeilles** et les papillons. Dans l'air et dans la terre il en existe des quantités prodigieuses; quelques-uns sont si petits qu'on ne peut pas les voir.

Les **chenilles** vertes, jaunes, poilues qui mangent les feuilles et les légumes, les **vers** qu'on trouve quelquefois dans les fruits et dans la viande sont encore des insectes.

3. *De quoi se nourrissent les insectes?* — Ils mangent tout et sont très nuisibles.

Les chenilles et les vers rongent les racines, les feuilles et les fleurs, les vêtements, les rideaux et les tapis, mangent la viande et les fruits.

C'est un ver qui attaque et fait mourir le cotonnier quand il est jeune; c'est un autre, appelé **charançon**, qui mange la farine du blé. Les puces et les moustiques ont un **aiguillon** pour nous piquer et une **trompe** pour sucer notre sang.

4. *Comment peut-on détruire les insectes?* — Les insectes sont si nombreux que l'homme ne pourrait les détruire seul; plusieurs animaux les mangent. D'abord les oiseaux, qui les attrapent en volant et vont les chercher partout, sur les feuilles, les fleurs, dans les murs et jusque sous l'écorce des arbres; les crapauds, les grenouilles, les lézards, les tortues, quelques petits serpents chassent ceux qui courent sur la terre.

LES INSECTES UTILES — L'ABEILLE
LE VER A SOIE

5. *Ne connaissez-vous point quelques insectes utiles?* — Il y a l'abeille ou mouche à miel, qui va chercher le suc des fleurs et le transforme en **miel** et en **cire**, et le **ver à soie**.

6. *Qu'est-ce que le miel?* — C'est une substance molle, sucrée, très bonne à manger que l'on prend dans la demeure des abeilles, où il est bien renfermé dans les trous des **gâteaux de cire**.

7. *Où vivent les abeilles?* — Elles vivent dans tous les pays où elles trouvent des fleurs. A l'état sauvage, elles habitent dans des trous d'arbres et de rochers. Aux abeilles domestiques on construit des demeures appelées **ruches**.

8. *Qu'est-ce que le ver à soie?* — C'est une chenille très précieuse qui file la soie avec laquelle on fait les vêtements. On l'élève avec le plus grand soin.

Le ver à soie ne peut vivre que dans les pays un peu chauds où pousse le mûrier. Les vers éclosent au printemps : ce sont de petites chenilles blanches ou jaunes que l'on nourrit dans les maisons avec des feuilles de mûrier. Au bout d'un mois environ, les chenilles sont grandes, grosses et grasses, elles cessent de manger ; alors elles filent un fil plus fin qu'un cheveu, qu'elles enroulent autour de leur corps.

Ruche ouverte.

9. *Comment appelle-t-on la petite pelote de soie filée par chaque ver?* — On l'appelle **cocon**; le cocon est formé d'un seul fil long de plus d'un kilomètre. Pour que la soie soit bonne, il faut tuer la chenille quatre ou cinq jours après qu'elle s'est cachée dans son cocon.

LES POISSONS

1. *Comment nomme-t-on les animaux qui vivent toujours dans l'eau?* — On les nomme **poissons**.

2. *Ces animaux ressemblent-ils à ceux qui vivent sur la terre?* — Non; leur corps est allongé, aplati, quelquefois

cylindrique, leur peau est formée d'écailles dures et luisantes ; au lieu de pattes, ils ont des nageoires. Ils pondent leurs œufs dans l'eau, comme les grenouilles.

3. *Les poissons pourraient-ils vivre sur la terre?* — Non ; pas plus que nous ne pourrions vivre dans l'eau. Si nous étions au milieu de l'eau, nous étoufferions, faute d'air ; de même, les poissons étoufferaient dans l'air sur la terre ; il leur faut l'air contenu dans l'eau.

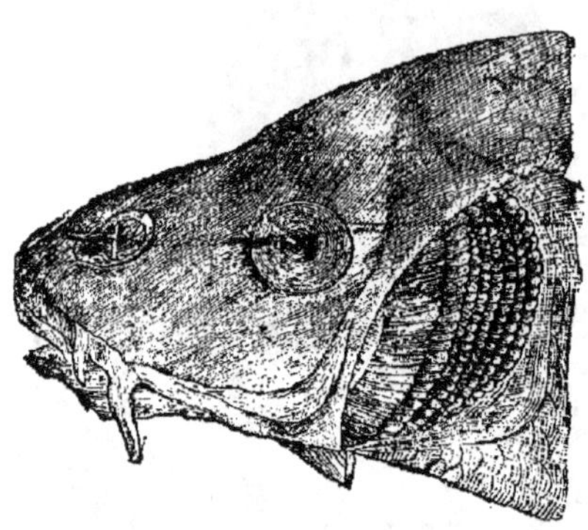

Tête de poisson.
(branchies)

Nous respirons par les **poumons** ; les poissons respirent par des **branchies** placées de chaque côté de la tête. Quand ils ne sont plus dans l'eau, les branchies se dessèchent, l'air n'entre plus et ils meurent.

4. *De quoi se nourrissent les poissons?* — Comme les animaux terrestres, ils mangent tout ce qu'ils trouvent dans l'eau ; les uns se nourrissent d'herbes, de vers, d'insectes ; les autres dévorent les petits poissons ; quelques-uns sont féroces comme des tigres et ont la bouche armée de dents terribles.

5. *Quel est le plus féroce de tous les poissons?* — C'est le requin, que l'on appelle le tigre des mers ; il atteint jusqu'à dix mètres de longueur. ses mâchoires sont assez fortes pour couper la jambe d'un homme.

Ce dangereux poisson se rencontre dans toutes les mers, et particulièrement dans les mers chaudes.

6. *Les poissons sont-ils utiles à l'homme?* — Leur chair

est très bonne et très nourrissante. Les habitants des bords
de la mer sont presque tous **pêcheurs**; ils s'en vont en bateau,

Requin.

avec leurs **lignes** et leurs **filets** et restent plusieurs jours,
plusieurs semaines et quelquefois plusieurs mois sans revenir
à la maison. C'est un dur métier que celui de pêcheur.

7. *Quels sont les poissons que l'on pêche le plus?* — Parmi
les poissons de mer, ce sont les
sardines, les harengs, la morue,
le thon, les anchois, les soles.
Tous ces poissons sont très
abondants. On les mange frais,

Hareng.

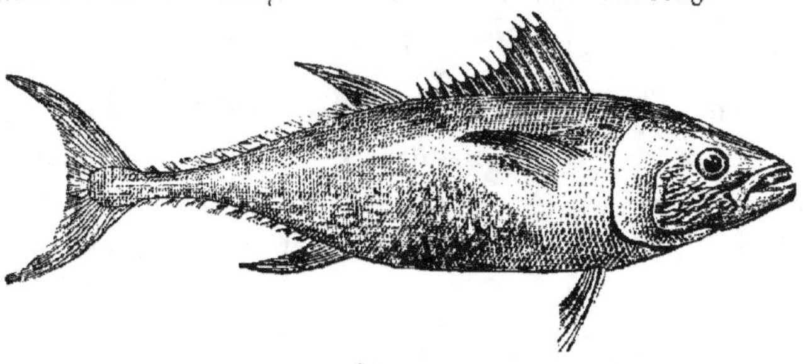

Saumon.

esséchés, ou conservés dans du sel ou de l'huile. En

Égypte, on fait une grande consommation de poissons salés.

Les poissons de rivières et d'eau douce sont ordinairement petits et très abondants. Les plus gros sont le **brochet** et la **carpe**, qui se nourrissent de petits poissons.

Le **saumon** vit aussi bien dans l'eau douce que dans l'eau de mer.

HUITIÈME LEÇON

LA BALEINE — LE PHOQUE — LE MORSE

1. *C'est dans la mer qu'on trouve le plus gros de tous les*

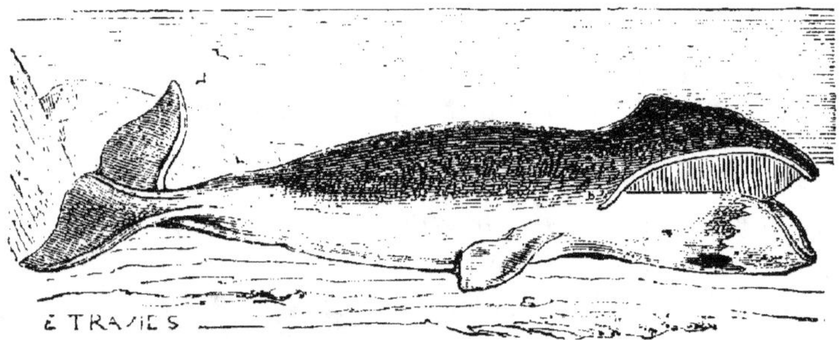

Baleine.

animaux. Quel est cet animal? — La baleine, dont le corps atteint plus de vingt mètres de longueur.

2. *La baleine est-elle un poisson?* — Non; la baleine a le sang chaud, elle a des poumons et non des branchies; pour respirer, elle est obligée de venir à la surface de l'eau. Elle ressemble à un gros poisson par la forme de son corps et par ses nageoires.

3. *Où trouve-t-on les baleines?* — Elles sont très rares: on ne les rencontre que dans les mers très froides; elles sont très difficiles à pêcher.

4. N'y a-t-il pas encore d'autres animaux vivant dans

Morse.

l'eau, comme la baleine, qui ne sont pas des poissons? — Dans

Phoques.

toutes les mers on trouve des **dauphins**, des **marsouins**, des **cachalots**; dans les mers froides vivent en grandes troupes, le **phoque** ou **veau marin**, le **morse** ou **vache marine** qu'on reconnaît à ses deux grandes dents.

5. *De quoi se nourrissent tous ces animaux?* — Ils font la chasse aux petits poissons. Quelques phoques mangent des herbes de la mer.

6. *Pourquoi l'homme les pêche-t-il?* — On retire de leur corps une grande quantité de graisse et d'huile, et différents autres produits. La peau du phoque et du morse fournit de bon cuir; quelquefois les habitants des pays froids et les pêcheurs mangent leur chair.

NEUVIÈME LEÇON

LES SINGES

1. *Quel est l'animal sauvage qui se rapproche le plus de l'homme?* — C'est le **singe**. Quelques singes ressemblent à peu près à l'homme par la tête, le corps et les bras; ils sont intelligents et imitent facilement les mouvements. Mais la plupart ressemblent plutôt à des chiens, ils ont le museau allongé, de grandes dents, le corps couvert de poils et marchent sur leurs quatre membres.

2. *Par quoi sont terminés les bras et les jambes des singes?* — Par des **mains**, ce qui leur permet de grimper facilement sur les arbres et de s'y tenir sans fatigue. Les singes n'ont donc pas de pieds, **ils ont quatre mains**, c'est pour cela qu'on les a appelés animaux **quadrumanes**.

3. *Quels sont les singes qui se rapprochent le plus de l'homme?* — Ce sont les grands singes : 1° le **gorille**, appelé **homme des bois**: il est grand comme un homme, tout couvert de poils noirs et rudes; sa force prodigieuse le rend très

redoutable; 2° le **chimpanzé**, 3° l'**orang-outang**, moins grands
que le gorille, mais encore très forts. Pris jeunes, on peut

Gorille.

les apprivoiser, et leur apprendre à faire beaucoup de choses :
faire la gymnastique, ouvrir la porte, manger à table, etc.

4. *Où rencontre-t-on les singes?* — Dans toutes les forêts

des pays chauds; les petits singes vivent toujours en nombreuses sociétés. Ils se nourrissent de fruits, de jeunes feuilles; toute leur vie se passe sur les arbres.

LES OURS

5. *Connaissez-vous d'autres animaux dont les pieds ressemblent un peu aux mains des singes?* — Ce sont les **ours gris, noirs et blancs.** Leur corps est couvert de longs poils,

Ours.

leur museau pointu, leur démarche lourde; ils grimpent facilement aux arbres, avec leurs doigts allongés garnis d'ongles pointus.

6. *De quoi vivent les ours?* — Les ours gris et noirs des montagnes et des forêts se nourrissent de miel, de fruits et de racines, et quelquefois d'animaux.

Les ours blancs, qui habitent les contrées les plus froides, sont très féroces: ils ne mangent que des animaux, des phoques, des morses, des rennes et même des hommes.

DEUXIÈME PARTIE

LES PLANTES

1. Jusqu'ici nous avons étudié les animaux; nous avons vu que les animaux naissent, grandissent, mangent, marchent, crient et meurent : ce sont des **êtres vivants**.

Les plantes ou végétaux sont-ils vivants? — Oui, car les végétaux naissent, grandissent, donnent des feuilles, des fleurs et des fruits; quand on les arrache, ils se dessèchent; on dit qu'ils meurent, c'est donc qu'ils étaient vivants. Mais les plantes ne marchent, ni ne crient.

2. *Quelles sont les principales parties d'une plante?* — Dans une plante, on distingue :

1° La **racine**, qui est enfoncée dans la terre;

2° La **tige**, qui s'élève dans l'air et se divise en **branches** et en **rameaux**;

3° Les **fleurs**, les **feuilles** et les **fruits**, qui naissent sur les rameaux.

3. *A quoi servent les racines?* — 1° Les racines fixent la plante au sol et l'empêchent de tomber quand le vent souffle;

2° C'est par les racines que les plantes se nourrissent.

Pour vivre, les plantes ont besoin de boire et de manger; quand la terre est très sèche, les feuilles se flétrissent, la plante a soif, il faut arroser la terre; aussitôt que l'eau a pénétré dans la plante par les racines, les feuilles se redressent. En même temps, les racines savent trouver dans la terre la nourriture de la plante. Coupez toutes les racines d'un oranger, par exemple, vous verrez bientôt les feuilles se flétrir, et tomber, il séchera et mourra.

4. *A quoi servent les feuilles?* — Les feuilles sont les **poumons** des plantes. Puisque les plantes sont vivantes, elles ont besoin d'air, elles doivent respirer; c'est par les feuilles qu'elles respirent.

5. *Les fleurs sont-elles utiles?* — Les fleurs font la beauté de plusieurs plantes; mais elles sont surtout utiles, parce que c'est des fleurs que viennent les graines

Plante complète :
Racine, tige, feuilles, fleurs et graines.

et les fruits. Toutes les plantes fleurissent.

6. *Pourquoi les végétaux donnent-ils des graines?* — Nous

avons vu que les poissons, les oiseaux pondent des œufs pour
avoir des petits ; c'est aussi pour avoir des petits que les
végétaux donnent des graines ; c'est des graines que naissent
les jeunes plantes.

7. *Qu'appelle-t-on fruit?* — C'est la graine avec ce qui
l'enveloppe. Il y a des fruits bons à manger, comme la **datte**,
la **banane**, l'**abricot**, la **cerise**, la **prune**, l'**orange**, le **citron**,
la **poire**, la **pomme**, la **figue**, etc.,
qu'on appelle **fruits charnus**, ou
comme le **blé**, les **amandes**, les
haricots, les **fèves**, qu'on nomme
fruits secs.

Dans les fruits secs, on mange
la graine ; dans les fruits charnus, on ne mange que l'enveloppe.

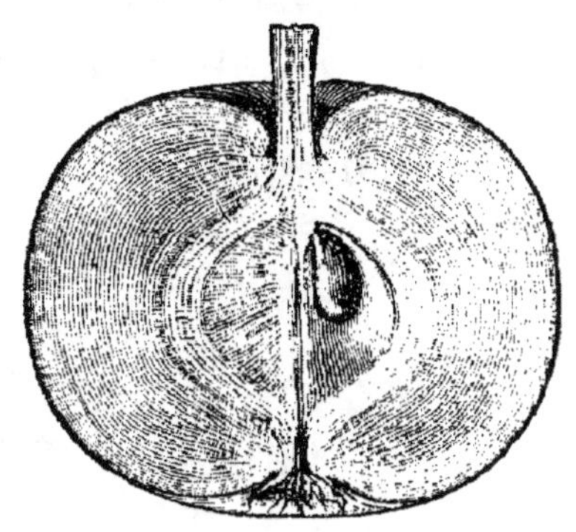

Pomme coupée.

8. *Que faut-il faire quand on
veut avoir de jeunes plantes?*
— Il faut **semer** des graines dans une terre humide ;
au bout de quelques jours, les graines **germent**, une
petite racine sort de la graine, et s'enfonce dans la terre ;
puis une petite tige s'élève dans l'air. Cette tige formera
la plante.

9. *Qu'est-ce qui nourrit les plantes?* — C'est la **sève**. La
sève est un liquide clair comme de l'eau, qui circule dans les
plantes par de petits tuyaux, comme le sang circule dans
notre corps ; c'est le sang des plantes ; elle les nourrit et les
fait grandir.

La sève entre par les racines, qui sont percées de petits
tuyaux plus fins qu'un cheveu, monte dans la tige jusqu'aux
feuilles, aux fleurs et aux fruits, puis redescend aux racines

en donnant à chaque partie de la plante la nourriture qui lui convient.

10. *Toutes les plantes se ressemblent-elles?* — Non, elles sont très différentes les unes des autres. Le blé, les herbes ont une tige creuse et faible ; les sycomores, les mimosas et tous les autres grands arbres ont une tige solide, formée d'un **bois** dur et recouverte d'une peau appelée **écorce**.

Les feuilles sont aussi très différentes de forme.

Toutes les fleurs n'ont pas la même forme, la même couleur, ni la même odeur.

Les fruits diffèrent aussi de forme, de grosseur et de goût.

ONZIÈME LEÇON

L'UTILITÉ DES PLANTES

1. *A quoi servent les plantes?* — Les plantes forment la parure de la terre ; la terre serait triste et inhabitable, si elle était nue comme le désert. De plus, beaucoup servent à la nourriture de l'homme et des animaux.

2. *Comment appelle-t-on celles qui servent à la nourriture de l'homme et des animaux?* — Celles qui servent à l'homme sont nommées **plantes alimentaires** : le blé, le café.

Celles qu'on donne aux animaux sont des **plantes fourragères** : maïs, bercime, orge.

3. *Quel nom donne-t-on aux autres plantes?* — Les plantes, comme le coton, le mûrier, l'indigotier et beaucoup d'arbres, qui sont utilisées par l'homme sont des **plantes industrielles**.

4. *Les plantes alimentaires poussent-elles seules, sans culture?* — Elles pourraient pousser seules, mais en les culti-

vant, on les rend meilleures. Le blé, les légumes et tous les fruits étaient autrefois sauvages, ils avaient mauvais goût ; la culture les a rendus bons et agréables à manger.

5. Quelles sont les plantes alimentaires cultivées en Egypte? — On cultive le **blé**, le riz, la **canne à sucre**, beaucoup d'arbres fruitiers et presque tous les légumes.

6. Quelle est l'utilité du blé? — Le blé est la plante la plus utile à l'homme ; c'est avec le blé qu'il fait son **pain** ; aussi le voit-on cultivé dans presque tous les pays.

Le pain est composé de farine de blé pétrie avec de l'eau et un peu de sel, et cuite au four. Pour que le pain soit bon, il faut faire aigrir la pâte en y ajoutant un peu de pâte aigre, nommée **levain**.

7. Quels sont les personnes et les instruments les plus employés pour obtenir du pain? — D'abord le **cultivateur** laboure la terre avec sa **charrue**, sème le blé, arrose la terre ; quand le blé est mûr, il le coupe, sépare le blé de la paille avec un instrument et le nettoie avec un autre.

Charrue.

Ce blé bien propre est porté au **moulin**, écrasé sous des meules pesantes ou entre des cylindres et réduit en farine bien blanche qui se trouve séparée de l'enveloppe rouge du blé, appelée **son** : voilà l'ouvrage du **meunier**.

Toute personne qui a de la farine peut la pétrir avec de l'eau et cuire du pain.

Quelques personnes se chargent de faire du pain pour les autres : ce sont les **boulangers**. Ils pétrissent la pâte dans un grand coffre appelé **pétrin** et cuisent le pain dans un grand four spécial.

8. Mange-t-on seulement du pain? — Avec le pain, on mange de la viande, du poisson, des légumes et des fruits.

9. Quels sont les animaux qui nous fournissent la meilleure viande? — Le bœuf, la vache, le veau, le mouton, les oiseaux de basse-cour, les lapins et les poissons.

Le boucher tue les animaux et vend la viande; on achète souvent les oiseaux de basse-cour et les lapins vivants. Le poisson est vendu par les pêcheurs.

DOUZIÈME LEÇON

LES FRUITS — LES LÉGUMES

1. Quels sont les principaux fruits récoltés en Égypte? — L'orange et le **citron**, qu'on mange surtout en hiver; la **banane**, qui pousse en toute saison; la **datte**, fruit d'un palmier; la datte se mange fraîche ou sèche; elle sert aussi à faire du vin; la **figue**, qui croît surtout aux environs d'Alexandrie; l'abricot et le **raisin**, fruit de la **vigne**.

Raisin.

2. A quoi sert le raisin? — Il est surtout employé pour la fabrication du **vin**, boisson excellente pour les habitants des pays froids et tempérés, moins bonne pour ceux des pays chauds.

3. Où cultive-t-on la vigne? — Dans tous les pays où il ne fait pas très froid ni très chaud; elle pousse bien en Égypte, mais on la cultive beaucoup moins qu'en France, en Italie et en Grèce.

4. D'où viennent les autres fruits, tels que cerises, prunes, pommes, poires, etc., qu'on ne cultive pas en Égypte? — Ils

viennent d'Europe (Grèce, Italie, France) et surtout de Syrie,
où l'on trouve tous les principaux fruits.

5. *Quels sont les légumes cultivés en Égypte?* — Ils sont surtout cultivés aux environs des villes. Depuis longtemps
l'Égypte est célèbre par ses **oignons** et ses **fèves**. Aujourd'hui
on y trouve presque tous les légumes cultivés en Europe :
des **choux**, des **haricots**, des **lentilles**, des **pois**, des **radis**, des
navets, des **carottes**, des **choux-fleurs**, des **artichauts**, de la
laitue, de la **chicorée**, un peu de **pommes de terre** et d'as-
perges, beaucoup de **melons**, **courges**, **pastèques**, **tomates**, etc.

LES PLANTES FOURRAGÈRES

6. *Que donne-t-on à manger aux animaux en Égypte?* —
On leur donne du **bercime**, du **maïs**, de la **paille hachée**,
de l'**orge** et des **fèves**.

TREIZIÈME LEÇON

LA CANNE A SUCRE

1. *Qu'est-ce que la canne à sucre?* — C'est une grande
herbe, un roseau, dont la sève est très sucrée. On la cultive
surtout dans la Haute-Égypte, et dans quelques autres pays
chauds.

Avec le jus de cette plante on fabrique le sucre; on la
mange aussi quand elle est fraîche. C'est donc une plante
alimentaire.

LE CAFÉ — LE THÉ

2. *Connaissez-vous d'autres plantes alimentaires très utiles
qui ne sont pas cultivées en Égypte?* — L'arbre à thé et l'arbre
à **café**, qui servent à la fabrication de très bonnes boissons.

5. *Qu'est-ce que le caféier ?* — Le caféier est un arbre des pays chauds, qui pousse en Arabie, dans l'Inde, en Afrique et en Amérique : ses graines ressemblent à des haricots coupés en deux.

Pour faire du café, on prend ces graines, on les sèche, on les grille, on les réduit en poudre avec un petit moulin, puis on les jette dans l'eau bouillante. La boisson ainsi obtenue est très amère ; pour la boire on doit y ajouter du sucre.

Caféier.

4. *Où trouve-t-on l'arbre à thé ?* — En Chine, au Japon et dans les Indes : c'est un arbre grand comme l'oranger ou le citronnier. Au printemps, quand les feuilles sont encore petites et tendres, on les cueille, on les chauffe, on les grille plusieurs fois jusqu'à ce qu'elles soient enroulées, durcies et semblables à de petites graines vertes ou noires.

Pour faire le thé, on prend un peu de ces graines qu'on met dans un vase, on verse dessus de l'eau bouillante : cinq minutes après, le thé est fait. Avant de le boire on y ajoute un peu de sucre.

Le café et le thé sont d'excellentes boissons qui facilitent la digestion.

5. *Connaissez-vous une autre boisson très commune?* — La **bière**, que l'on boit surtout en été, parce qu'elle est très rafraîchissante.

Il existe encore bien d'autres boissons, des vins de plusieurs espèces, des **liqueurs**, de l'**eau-de-vie**, qui sont très mauvaises pour les habitants des pays chauds.

TROISIÈME PARTIE

LES PARTIES DU CORPS

1. *Quelles sont les grandes divisions du corps de l'homme?* — On peut faire trois grandes divisions : 1° la **tête**; 2° la **poitrine** et le **ventre**; 3° les **bras** et les **jambes**, qu'on appelle les **membres**.

2. *De quoi se compose la tête?* — De deux parties : le **crâne**, arrondi, recouvert de cheveux, et le **visage**, ou **face** ou encore **figure**.

3. *Que voit-on dans la face?* — On voit les **yeux**, le **nez**, la **bouche**, les **oreilles**; le haut du visage se nomme le **front**, le bas s'appelle **menton**; les deux côtés sont formés par les **joues**.

Les yeux sont les **organes de la vue**; c'est par eux que nous voyons les hommes, les arbres, les maisons et tout ce qui nous entoure. Ils nous sont donc très utiles.

Ceux qui n'y voient pas se nomment **aveugles**. Ils sont très malheureux; ils ne peuvent ni marcher seuls, ni lire, ni écrire, ni travailler; pour eux, il fait toujours nuit.

Puisque les yeux sont si utiles, il faut en prendre le plus grand soin, les laver souvent avec de l'eau très propre, chasser les mouches qui viennent autour, prendre garde à la poussière, au vent et au soleil.

Nos yeux sont protégés par les **paupières**, qui se ferment pendant le sommeil, par les **cils** et les **sourcils**, qui empêchent la sueur et la poussière d'y pénétrer.

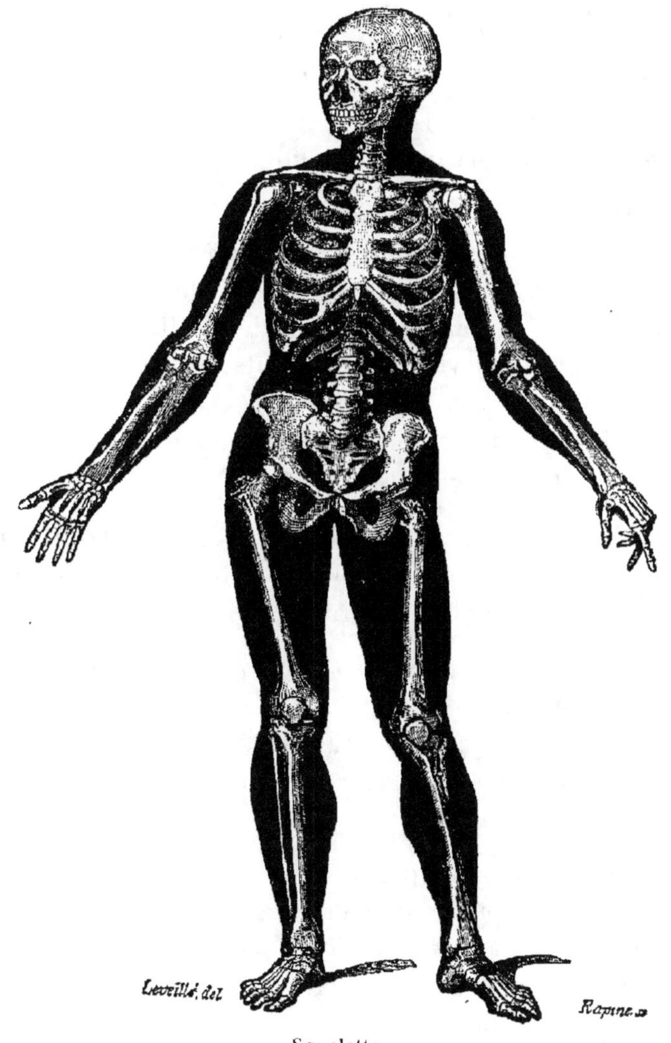

Squelette.

Le nez nous fait connaître les odeurs des plantes, des fleurs, des aliments. Nous savons qu'il ne faut pas manger la viande et les aliments qui sentent mauvais, qu'il ne faut pas **habiter** dans les lieux où l'on sent une mauvaise odeur.

C'est encore par le nez que nous respirons.

Les oreilles sont les **organes de l'ouïe.** Par elles nous entendons les paroles, la musique, les ordres de nos parents, la leçon du maître et tous les bruits.

Les **sourds** sont ceux qui n'entendent pas.

4. *Que trouve-t-on dans la bouche?* — 1° La langue, placée au milieu, qui nous sert pour **parler**, goûter les aliments et les faire descendre dans notre corps; 2° les **dents**, petits os plantés dans les deux **mâchoires**, avec lesquelles nous coupons et broyons le pain, la viande, les fruits, avant de les avaler; 3° la bouche est fermée par les **lèvres.**

Il faut avoir soin de se laver la bouche et les dents au moins tous les matins et après chaque repas.

5. *Par quoi la tête est-elle rattachée au reste du corps?* — Par le cou, qui est mobile, pour que nous puissions tourner la tête à droite, à gauche, regarder en haut et en bas.

6. *Combien avons-nous de membres?* — Quatre : **deux bras** et **deux jambes.**

Les bras ou **membres supérieurs** sont attachés aux épaules; les jambes ou **membres inférieurs** sont fixés aux hanches.

7. *En combien de parties sont divisés nos membres?* — En trois parties; le bras comprend :

1° Le bras, de l'épaule au coude; 2° l'avant-bras, du coude au poignet; 3° la main, terminée par les cinq doigts; il plie au coude et au poignet.

La jambe est composée de :

1° La cuisse, de la hanche au genou; 2° la jambe; 3° le pied, terminé à l'avant par cinq petits doigts et à l'arrière par le talon. La jambe plie par le genou.

8. *A quoi nous sert la main?* — C'est l'organe du toucher, elle nous sert pour reconnaître la forme, le poids, le degré de froid et de chaleur des objets. Les doigts, très mobiles, permettent de saisir tous les objets. C'est avec la main que nous portons nos aliments à notre bouche.

QUINZIÈME LEÇON

LES OS

1. *Qui rend notre corps solide et lui donne sa forme?* — Ce sont les **os**; tous les os sont reliés les uns aux autres, leur ensemble forme la charpente de notre corps, et s'appelle aussi **squelette**. Tous ne se ressemblent pas; ceux des bras et des jambes sont longs, ceux du dos sont courts, ceux de la tête forment une boîte presque ronde.

2. *Comment appelle-t-on la chaîne des os qui se trouve dans le dos?* — On l'appelle la **colonne vertébrale**; elle est formée d'une trentaine de petits os nommés **vertèbres**; c'est elle qui porte la tête; aux vertèbres du dos sont rattachées les 24 côtes qui entourent la poitrine.

La colonne vertébrale est mobile entre chaque vertèbre, ce qui permet de plier le corps à droite, à gauche, en avant et en arrière.

LA CHAIR - LES MUSCLES

3. *Qu'est-ce qui recouvre les os?* — C'est la **chair**, qui forme les **muscles**. Les muscles sont de petits faisceaux de chair, ils peuvent s'allonger et se raccourcir, et permettent de faire tous les mouvements; sans eux, nos os ne bougeraient pas, nous resterions immobiles comme des statues.

Les muscles recouvrent tous les os; ils donnent de la force à nos bras, à nos jambes et à tout notre corps.

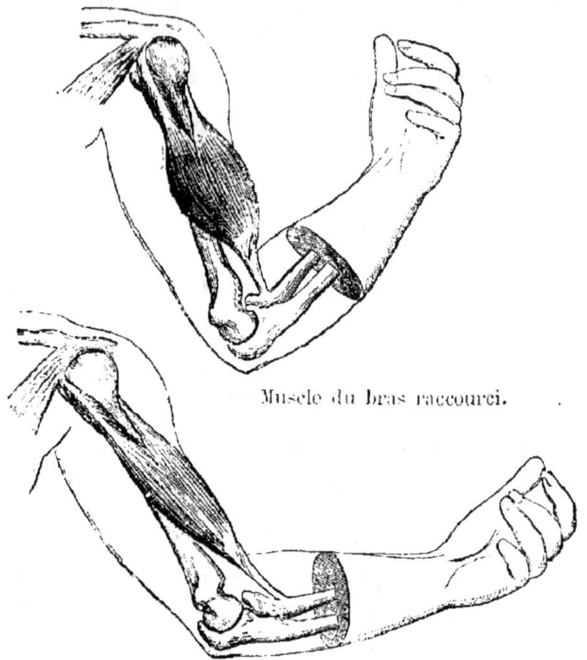

Muscle du bras raccourci.

Muscle du bras allongé.

LES NERFS — LE CERVEAU

4. *Qu'est-ce qui commande les muscles et leur fait faire des mouvements?* — Les **nerfs**, petits cordons blancs qu'on trouve partout dans la chair.

Non seulement les nerfs commandent les mouvements, mais ils font encore **voir, goûter, entendre, sentir** les odeurs, les blessures, le froid, la chaleur.

Tous les nerfs sont rattachés au **cerveau** : logé dans le crâne.

Le cerveau commande à tous les nerfs. C'est lui qui nous

fait comprendre les leçons, retenir ce que nous étudions, trouver des idées nouvelles, qui nous donne l'intelligence et la mémoire, qui nous fait aimer nos parents.

Tous les animaux ont un cerveau.

LA PEAU

5. *Qu'est-ce qui recouvre la chair?* — Tout notre corps est enveloppé par la **peau** qui recouvre les muscles et les os; sur la peau poussent des **cheveux**, de la **barbe** et des **poils**. Les animaux ont le corps recouvert de poils ou de plumes qui leur servent de vêtements.

La peau est percée d'un grand nombre de trous si petits que nous ne pouvons les voir; par ces trous sort la **sueur** quand nous avons chaud.

Nous devons tenir notre corps très propre, le laver souvent afin que les trous de la peau ne se bouchent point : c'est une condition de santé.

SEIZIÈME LEÇON

LA CIRCULATION DU SANG

1. *Qu'est-ce que renferme la poitrine?* — Elle contient le cœur et les poumons, deux organes très importants.

2. *A quoi sert le cœur?* — C'est une sorte de pompe qui marche toujours, et qui envoie le sang dans toutes les parties du corps. On l'entend battre dans la poitrine.

3. *Qu'arriverait-il si le jardinier n'arrosait pas le jardin?* — Toutes les fleurs, toutes les plantes mourraient.

Notre corps a besoin d'être arrosé comme les jardins et les champs; l'eau est remplacée par le **sang**; la sakieh, c'est le cœur.

4. Comment le jardinier envoie-t-il de l'eau à toutes les plantes? — Il trace de petits canaux qui traversent tout le jardin et portent de l'eau au pied de toutes les plantes.

De même, dans notre corps, il y a de petits tuyaux, quelquefois plus fins qu'un cheveu, toujours remplis de sang; on les nomme les **artères** et les **veines**.

5. Qu'est-ce que le sang? — C'est un liquide rouge dans les artères, presque noir dans les veines, qui circule dans toutes les parties du corps.

C'est lui qui nourrit les os, les muscles, les nerfs, les cheveux, tout le corps et qui les fait grandir; c'est encore lui qui nous tient chauds. Il est toujours en mouvement, et ne peut s'arrêter un petit instant sans que nous mourions. Il s'en va par les artères, revient au cœur par les veines, et circule toujours ainsi.

6. Qu'est-ce qui fait battre le cœur? — Il bat tout seul, sans que nous puissions l'arrêter, depuis le commencement de la vie jusqu'à la mort.

LES POUMONS

7. Où le sang prend-il tout ce qu'il lui faut pour nourrir le corps? — Il le trouve dans l'air et dans les aliments. Nous respirons toujours pour donner au sang l'air dont il a besoin; nous mangeons et buvons pour lui rendre ce qu'il a donné aux os, aux muscles, aux cheveux, etc.

8. Où prend-il l'air? — Dans les poumons. Les deux poumons sont placés de chaque côté du cœur: ils ressemblent à deux grosses éponges percées de nombreux trous. Dans ces trous, l'air arrive d'un côté et passe dans le sang venu du cœur par l'autre côté.

Quand le sang était entré dans les poumons, il n'était

plus bon pour nourrir le corps; quand il en sort, il est
redevenu capable de former des os et de la chair.

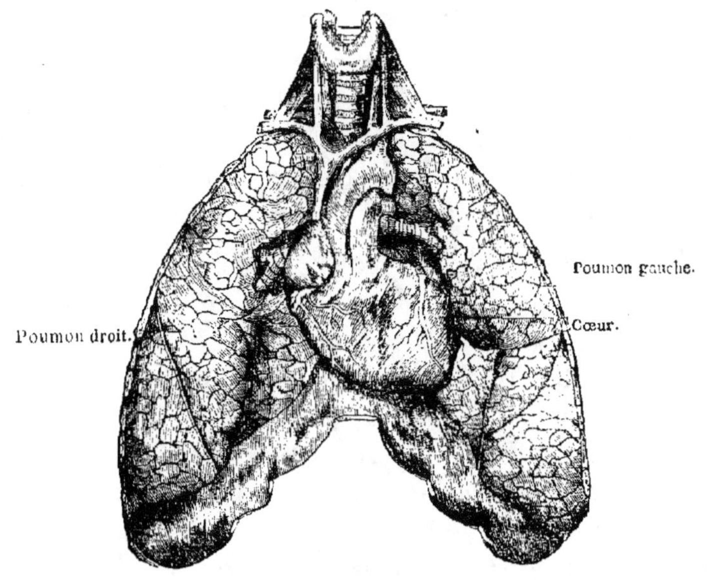

Poumons.

Nous devons donc respirer toujours; l'air est indispensable à la vie.

LA DIGESTION

9. *Que deviennent les aliments que nous prenons?* — Après
avoir été broyés par les dents, ils descendent dans l'estomac,
puis dans les **intestins**, qui remplissent presque tout le
ventre; ils se changent en une bouillie claire qui peut passer
dans le sang; on dit qu'ils sont **digérés**.

Pour que la **digestion** se fasse bien, il ne faut pas trop boire,
ni trop manger. Celui qui prend trop de nourriture s'expose
à de graves maladies.

LA CLASSE

1. *Que voyons-nous dans la classe?* — Les élèves sont assis sur des **bancs**, ils écrivent sur des **tables**; le maître se place sur l'**estrade**; quand il fait sa leçon, il écrit sur le **tableau noir** avec la **craie**; autour de la classe, sur les murs nous voyons des **cartes de géographie** et des tableaux représentant des animaux et des plantes.

2. *Chaque ouvrier a ses instruments pour travailler, ses outils, comme on dit. Quels sont les outils de l'écolier?* — Il écrit sur un **cahier** avec un roseau taillé ou avec une **plume** d'acier fixée au bout d'un **porte-plume**; avec un **crayon** sur une **ardoise**; il lit dans un **livre**, il tire des traits bien droits avec une **règle**, il efface les taches et les mauvaises lettres avec une **gomme**.

3. *En quoi sont faits les outils de l'écolier?* — Les crayons, règles, porte-plume, sont en bois léger, quelquefois en métal; au milieu des crayons on voit un petit filet noir qui marque sur le papier.

La craie est une sorte de pierre blanche, molle, que l'on trouve dans la terre, comme la pierre à bâtir les maisons.

Le tableau noir est en bois recouvert d'une couche de peinture noire, pour qu'on voie mieux les lettres blanches tracées à la craie.

Les ardoises sont une sorte de pierre qu'on trouve dans la terre; on la fend en feuilles et on la taille facilement en petits morceaux.

L'encre dans laquelle on trempe la plume pour écrire sur le papier, est un liquide noir, rouge, bleu, violet, etc.; on l'achète toute préparée. Pour la faire, on n'a qu'à jeter une poudre spéciale dans un peu d'eau.

LE PAPIER

4. *Avec quoi fabrique-t-on le papier?* — Avec de vieux vêtements, des **chiffons** de toutes sortes, en toile, en coton ou en soie, ou encore avec des herbes, de la paille, du bois.

Voici comment on l'obtient :

1° Dans une grande cuve remplie d'eau très claire, on jette des chiffons bien blancs, du bois ou de la paille;

2° Avec des instruments, on les remue, on les déchire, jusqu'à ce qu'ils soient réduits en une bouillie claire;

3° On étend cette bouillie sur des toiles, on la fait cuire et sécher. C'est ainsi qu'on fait le papier. Tout le travail est fait par des machines.

En mettant des couleurs dans la pâte, on obtient du papier de couleurs différentes.

5. *Quelle est l'utilité du papier?* — Sans le papier nous n'aurions ni livres, ni cahiers, ni journaux; il serait très difficile de s'instruire; il sert encore à bien d'autres usages. Aujourd'hui nous ne saurions nous passer de papier.

6. *A-t-on toujours eu du papier?* — Non; les anciens Égyptiens écrivaient sur des **papyrus**, sorte de papier fait avec la tige d'un roseau qui vient sur les bords du Nil. On a trouvé des papyrus dans les tombeaux avec les momies.

Plus tard on écrivit sur des **parchemins**, faits de peaux de chevreau ou d'agneau préparées.

Le papier fut inventé par les Chinois; ce furent les Arabes qui l'apportèrent en Afrique, il y a plus de mille ans, et qui le firent connaître aux Européens.

7. *De quoi se compose le livre?* — De plusieurs feuilles de papier **imprimées** et recouvertes de deux **cartons**. Le livre est le plus précieux des outils de l'écolier. Quand on a oublié, il suffit de l'ouvrir, on apprend ce qu'on ne savait plus.

DIX-HUITIÈME LEÇON

LES HABITATIONS

1. *Nous habitons dans des maisons. Les hommes ont-ils toujours su se construire des maisons?* — Non; les premiers hommes vivaient comme les animaux, cachés dans les forêts et dans des trous de rochers. Peu à peu, ils ont appris à bâtir des **huttes** en branches recouvertes de feuilles et d'herbes; puis quand ils ont eu des instruments, ils ont taillé des pierres, et construit des maisons solides.

2. *En quoi sont bâties les maisons?* — En terre, en pierres, en bois, selon la richesse des personnes.

3. *Pourrait-on bâtir une maison avec des pierres seules?* — Non; la maison ne serait pas solide, les pierres tomberaient. On doit mettre entre elles du **mortier**, fait de **chaux** et de **sable** qui en séchant durcit et les relie solidement ensemble.

4. *Comment se divise la maison?* — Elle se divise en **étages**, chaque étage est partagé en **pièces** ou **chambres**. L'étage qui touche le sol se nomme le **rez-de-chaussée**. Quelquefois au-dessous, dans la terre, on fait une **cave**.

La maison est couverte par une **terrasse**. En Europe, où il pleut souvent, la terrasse est remplacée par le **toit**.

Les pièces sont séparées par des **cloisons**, petits murs construits en **bois** et le plus souvent en **briques**.

Entre les étages se trouve un **plancher** qui repose sur de longues pièces de bois ou de fer, appelées **poutres**, allant d'un mur à l'autre. Les planchers sont construits en **planches**, en marbre ou en pierres, appelées **ballattes**. En dessous, ils sont recouverts d'une couche de plâtre qui cache les poutres.

5. *Par où l'air, la lumière et les personnes entrent-ils dans les maisons?* — Par les portes et les fenêtres; les fenêtres sont garnies de **carreaux** de verre qui laissent passer la lumière et arrêtent le vent et la poussière. Elles doivent être ouvertes tous les jours pour faire circuler l'air dans les chambres.

6. *Par où monte-t-on du rez-de-chaussée aux étages?* — Par l'escalier; les **marches** de l'escalier sont en bois, en marbre ou en pierre; on appuie la main sur la **rampe** qui empêche de tomber.

Maison.

7. *Quand la maison est finie, quels sont les ouvriers qui ont travaillé pour la bâtir?* — 1° Le **maçon** a construit les murs et les cloisons et tout ce qui se fait en pierre ou en marbre;

2° Le **plâtrier** a recouvert les murs, les plafonds et les cloisons des pièces d'une couche mince de plâtre bien blanc;

3° Le **menuisier** a fait les portes, les fenêtres, les balcons et tout ce qui se fait en bois;

4° Tous les ouvrages en fer, serrures aux portes, barreaux aux fenêtres, ont été exécutés par le **serrurier**;

5° Le **peintre** et le **vitrier** ont placé les carreaux de vitres et peint les murs de différentes couleurs.

Si la maison était en Europe, il aurait fallu en plus : un **charpentier**, pour faire les poutres et la **charpente** qui porte le toit; un **couvreur**, pour couvrir la maison avec des **ardoises** ou des **tuiles**.

DIX-NEUVIÈME LEÇON

LES MEUBLES

1. *Quand la maison est finie, peut-on l'habiter?* — Non; il faut laisser sécher les murs pendant quelques mois; ensuite il faut la garnir de **meubles**, de **vaisselle** et d'**ustensiles de cuisine**.

2. *Quels sont les principaux meubles?* — Dans la chambre à coucher on trouve le **lit**, l'**armoire**, quelques **chaises** et, tout à côté, la **table de toilette**.

La salle à **manger** contient le **buffet** et la **vaisselle**, la **table** sur laquelle on sert le repas et des **chaises**.

Dans le **salon** on place des **glaces**, des **pendules**, des **fauteuils**, des **canapés**, de petits meubles, des **tapis**.

3. *En quoi sont faits les meubles?* — Presque tous sont en bois; on emploie des bois durs et beaux, comme le **noyer**, l'**acajou**, le **palissandre**; on en fait aussi en **chêne**, en cerisier et en **sapin**. L'ouvrier qui fabrique les meubles se nomme **ébéniste**.

LA VAISSELLE

4. *Qu'appelle-t-on vaisselle?* — Les assiettes, les plats, les soupières, les tasses, les verres, les carafes, les bouteilles, les cuillères, les fourchettes et les couteaux.

5. *Avec quoi fabrique-t-on la vaisselle?* — Les fourchettes,

cuillères et couteaux sont en métal, argent, acier ou étain ; les verres et les bouteilles, en verre ; les autres pièces en terre cuite : faïence ou porcelaine.

On voit de la vaisselle tout en métal.

LES USTENSILES DE CUISINE

6. *Qu'appelle-t-on ustensiles de cuisine ?* — On appelle ainsi le **fourneau** où l'on fait le feu pour cuire les aliments, les marmites, casseroles, broches, etc., dans lesquelles on fait cuire les viandes et les légumes, le **zir** ou le **filtre** indispensables pour rendre l'eau propre et bonne à boire.

L'ÉCLAIRAGE

1. *Avec quoi éclairons-nous nos maisons le soir et la nuit ?* — Avec des **bougies**, des **chandelles**, des **lampes** ou des **becs de gaz**.

LA CHANDELLE — LA BOUGIE

2. *Avec quoi se fabrique la chandelle ?* — Avec de la graisse de mouton ou de bœuf nommée **suif**, fondue dans une grande chaudière et coulée autour d'une **mèche** de coton. On coule le suif fondu dans des moules de fer-blanc qui ont la forme de chandelles.

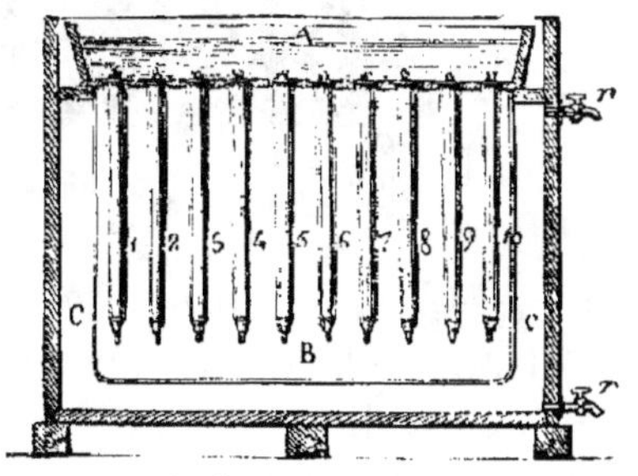

Moule à chandelles.

3. *Qu'est-ce que les bougies ?* — Ce sont des espèces de chandelles composées de suif préparé d'une certaine façon. Autrefois on les faisait en **cire**.

Les bougies éclairent mieux que les chandelles, elles ne fument point, ne graissent point les doigts.

Pour brûler les chandelles et les bougies, on les place dans des **chandeliers** ou dans des **candélabres**.

Lampe à pétrole.

4. *De quoi se compose une lampe?* — D'un réservoir dans lequel on met l'**huile** ou le **pétrole**, d'une mèche de coton, d'un bec où l'on allume la lampe, et d'un verre qui entoure la flamme pour la rendre plus claire. Le pétrole ou l'huile monte par la mèche et vient brûler au bout du bec.

5. *Qu'est-ce que l'huile?* — C'est un liquide gras que l'on

trouve dans la graine et dans les fruits de certaines plantes. Les principales huiles sont celles d'**olives**, d'**arachide**, de **lin**, de **chanvre**, de **noix**, d'**amandes**, qu'on trouve en Égypte, de **colza**, sorte de chou qui croît en Europe.

6. *Qu'est-ce que le pétrole?* — C'est un liquide un peu huileux, clair comme l'eau, que l'on trouve dans la terre. La Russie et les États-Unis fournissent du pétrole au monde entier. Le Djebel Zeit (Égypte) en contient des sources, qu'on a abandonnées.

C'est un liquide très utile qui ne coûte pas cher, mais il est dangereux; il s'enflamme brusquement et peut allumer des incendies.

7. *D'où vient le gaz qui sert à l'éclairage?* — Il vient de la houille ou charbon de terre. Quand on chauffe la houille dans des vases bien fermés, on obtient un gaz qu'on ne voit pas, mais qu'on sent bien.

Ce gaz est préparé dans des **usines à gaz**, et envoyé par des tuyaux chez toutes les personnes qui le demandent. On le brûle dans une espèce de lampe qu'on appelle **bec de gaz**.

VINGT-UNIÈME LEÇON

LES BOUTIQUES

1. *Dans les villes, les rues sont bordées de maisons. Qui habite au rez-de-chaussée de ces maisons?* — Ce sont les **marchands** de toutes sortes qui y établissent leurs **boutiques**.

2. *Que voit-on dans les boutiques?* — On y trouve toutes les marchandises dont on a besoin.

Chez l'**épicier** ou **bakal**, on achète le sel, le sucre, le poivre, la bougie, le pétrole, l'huile, des légumes, des œufs, des allumettes, de la vaisselle, du vin, des liqueurs, du chocolat, du fromage et diverses autres marchandises.

La boutique du **marchand de drap** est garnie d'étoffes de toutes sortes pour faire des vêtements ; on y trouve aussi du fil, des boutons, de la dentelle et quelquefois des tapis.

Dans la boutique du **quincaillier** on trouve des fourneaux, des ustensiles de cuisine, des baignoires, des clous, des serrures, des cadenas, des instruments et des outils, etc.

Le **chapelier** vend les chapeaux, les tarbouches et les casquettes.

Le **tailleur** vend du drap, de la flanelle et fabrique des habits.

Le **cordonnier** fait et vend les chaussures de toutes sortes.

Chez le **boulanger** on trouve du pain ; chez le **boucher**, de la viande ; chez le **cafetier**, du café, de la bière et des liqueurs.

Le **libraire** vend du papier, des livres et des fournitures pour les écoliers.

A la **pharmacie** on trouve des remèdes pour les malades.

Le **menuisier** et l'**ébéniste** fabriquent les meubles ; le **bijoutier** vend des montres, des horloges et des bijoux.

D'autres personnes vendent du tabac, des cigares et des cigarettes.

Dans les **bazars** on trouve toutes les marchandises.

5. *Dans les campagnes, les maisons et les boutiques sont-elles aussi nombreuses ?* — Non ; dans les campagnes habitent les fellahs, leurs maisons ne forment que des villages et des fermes, où ils habitent avec leurs animaux domestiques. Ils viennent acheter à la ville leurs vêtements, leurs épices, leurs ustensiles et leurs instruments.

LES VÊTEMENTS

1. *Tout ce qui sert à couvrir notre corps se nomme* **vêtements.** *En quoi sont faits nos vêtements?* — Ils sont en étoffes de **coton,** de **laine,** de **soie,** ou en **toiles** de **chanvre** ou de **lin**; les **chaussures** sont en **cuir**; les **chemises** en toile de chanvre ou de coton, les **pantalons,** les **vestes,** les **bas** en **laine,** les **coiffures** en laine ou en **paille,** les **robes** et les **mouchoirs,** en soie et en coton.

LE COTON

2. *Qu'est-ce que le coton?* — C'est une substance fournie par une plante cultivée en Égypte. La graine du **cotonnier** est entourée de petits poils blancs très fins. On ramasse avec soin ce duvet, on le **peigne,** on le **file,** on le **tisse** et on le change en belles toiles blanches et en étoffes de toutes couleurs avec des fleurs et des dessins.

3. *Que fait-on en coton?* — Non seulement on fait des étoffes pour vêtements, mais encore du fil, de la dentelle, des mèches de chandelle, de bougie et de lampe, des voiles de navire.

Avec le coton non filé on fait des matelas, des oreillers pour les lits, des fauteuils, des divans et des canapés.

LE CHANVRE — LE LIN

4. *Qu'est-ce que le chanvre et le lin?* — Ce sont deux plantes cultivées en Égypte depuis longtemps; elles sont bien différentes l'une de l'autre; quand leurs tiges sont mûres,

on les arrache, on enlève la graine, on les met dans l'eau pendant plusieurs jours, et on les fait sécher; enfin, avec un

Chanvre mâle et chanvre femelle.

instrument on les écrase; elles tombent en petits morceaux; il reste les fils très fins de l'écorce qui forment la **filasse**.

5. *Que fait-on avec cette filasse?* — On la peigne, on la file et on la tisse comme le coton pour en faire des toiles blanches.

Les toiles et les fils de lin sont plus fins que ceux de chanvre. Les dentelles de lin sont très chères.

Avec la filasse du chanvre on fait des toiles à voiles, des cordes et cordages pour les navires.

LA LAINE

6. *D'où vient la laine?* — Elle est fournie par les moutons et quelques autres animaux. Tous les ans, on coupe leur poil long et doux; on le lave, on le peigne, on le file, on le tisse comme le coton, pour en faire des tissus chauds et moelleux.

7. *Que fabrique-t-on en laine?* — On fabrique du drap, de la flanelle, des couvertures, des chaussettes, des bas, des tapis et le feutre des coiffures.

Lin.

Le drap, la flanelle, après avoir été tissés, sont foulés avec de lourds marteaux.

Les chaussettes, les bas et les tapis sont faits à la main avec des aiguilles.

8. *Quels sont les autres animaux qui fournissent de la laine?* — Le chameau du désert, le **lama** et la **vigogne** d'Amérique donnent une laine grossière. La chèvre du

Thibet (Asie) a un poil très fin employé pour fabriquer les étoffes les plus chères.

LA SOIE

1. *Comment récolte-t-on la soie?* — La soie est filée en **cocons** par le ver à soie. Quand le ver a fini, on jette le cocon dans l'eau chaude, on cherche le bout du fil et l'on déroule. En réunissant six fils de cocons, on obtient un fil de soie solide.

Tisserand.

2. *Que fait-on avec la soie?* — On fait en soie les étoffes les plus légères, les plus belles, les plus riches et les plus chères; on en fait du velours, du satin, des robes et des rubans de toutes couleurs.

3. *Avec quoi travaille-t-on la filasse, le coton, la laine et la soie?* — Autrefois toutes ces matières étaient travaillées à la main. C'étaient des ouvriers qui peignaient la laine et le coton, qui les filaient avec des **fuseaux**; des **tisserands** faisaient les pièces d'étoffes en entre-croisant les fils avec leurs **métiers**.

Aujourd'hui ce sont des machines très compliquées qui font tout ce travail. On en a inventé qui peignent, filent et tissent mieux et plus vite que les ouvriers; il suffit de les surveiller.

4. *Les pièces d'étoffes sont-elles tout en laine, en coton ou en soie?* — Le plus souvent on mélange des fils de coton avec ceux de chanvre, de laine et de soie. On trouve aussi des étoffes tout en soie, tout en laine et tout en chanvre. Souvent aussi on y mêle des fils de métal : cuivre, or, argent.

LES TAILLEURS

5. *Qui fait les vêtements?* — Les **tailleurs** font les vêtements des hommes, et les **couturières** font ceux des femmes.

Ils coupent l'étoffe avec leurs ciseaux, et cousent les morceaux ensemble avec leurs aiguilles et leurs **machines à coudre**.

Les vêtements des beys, des pachas, des officiers et des femmes sont garnis de broderies en soie, en or ou en argent.

6. *Quand les hommes ne savaient pas tisser les étoffes, comment s'habillaient-ils?* — Ils s'habillaient de peaux de bêtes qu'ils tuaient à la chasse; de peaux de moutons, de chèvres ou d'ours. Les habitants des pays froids s'habillent encore ainsi.

VINGT-QUATRIÈME LEÇON

LA COIFFURE

1. *Quelles sont les coiffures qu'on voit en Égypte?* — Les Égyptiens, les Turcs, les Arabes portent le **tarbouche** et le **turban**; les Européens se coiffent de **chapeaux** et de **casquettes**.

2. *Avec quoi fait-on les tarbouches et les chapeaux?* — Ils sont faits en **feutre** dur ou mou.

Le feutre est une étoffe non tissée, faite de laine, de poils de lapin ou de castor, foulés longtemps, avec de lourds marteaux.

Les chapeaux se font aussi en **paille tressée**.

LA CHAUSSURE

3. *Avec quoi fabrique-t-on les chaussures?* — Les **souliers**, les **bottes**, **bottines**, **babouches**, **pantoufles**, se font en **cuir**; quelques chaussures légères sont en étoffe. Les **sabots** sont en **bois**.

4. *Comment appelle-t-on ceux qui fabriquent la chaussure?* — Les sabots sont fabriqués par les **sabotiers**; les autres, par les **cordonniers** ou **bottiers**. Ils cousent les chaussures de cuir avec des clous, ou du fil recouvert de **poix**.

Quelquefois la **semelle** et le **talon** sont garnis de clous pour préserver le cuir.

LE CUIR — LE TANNAGE

5. *Qu'est-ce que le cuir?* — C'est la peau des animaux préparée, **tannée**, comme on dit.

6. *Pourquoi faut-il tanner la peau des animaux?* — Pour la rendre plus forte et pour l'empêcher de pourrir. Le tannage se fait dans des **tanneries** par des ouvriers nommés **tanneurs.**

7. *Quelles sont les principales opérations du tannage?*
1° On enlève le poil;
2° On bat les peaux avec de lourds marteaux de bois;
3° On les met dans de grandes cuves pendant neuf ou dix mois, avec de l'écorce de bois réduite en poudre, qu'on nomme **tan;**
4° On les bat et on les aplatit de nouveau;
5° Enfin, on les graisse avec du suif et de l'huile de poisson, puis on les noircit ou on les jaunit.
Le cuir mince ne doit rester que trois mois dans les cuves.

8. *Comment fait-on pour conserver le poil aux peaux?* — Au lieu de les mettre dans les cuves avec du tan et de l'eau, on les recouvre d'une pâte spéciale, qui remplace l'écorce et empêche les peaux de pourrir.
Les peaux ainsi préparées se nomment **fourrures**; les fourrures des animaux des pays froids, tels que renards, ours, castors, phoques, sont très chaudes et servent à garnir les vêtements d'hiver.

9. *A quoi sert le cuir?* — A faire des **chaussures**, des **harnais**, des **selles** de cheval, des **capotes** de voiture; à recouvrir des **sièges**; à faire des **gants**, des **porte-monnaie**, etc.

VINGT-CINQUIÈME LEÇON

LES VOIES DE COMMUNICATION

1. *Quand on se promène à la campagne, marche-t-on à travers les champs et les récoltes?* — Non, on suit les **sentiers**

et les **routes** qui sillonnent les campagnes. Les sentiers sont suivis par les ânes, les chameaux et les **piétons**; les routes sont faites pour les voitures et les charrettes.

LE CHEMIN DE FER

2. *Quand on veut faire un long voyage, voyage-t-on à chameau, à cheval, ou à baudet?* — On prend le **chemin de fer** si l'on peut; ainsi on marche plus vite et l'on se lasse moins;

Train passant sur un viaduc.

s'il n'y a pas de chemin de fer, on prend un cheval ou un chameau.

5. *Qu'est-ce que le chemin de fer?* — Le chemin de fer ou **voie ferrée** est une route bien dressée sur laquelle on a fixé deux bandes de fer nommées **rails**.

Sur les rails roule le **train**, formé de la **locomotive** et des **wagons**.

La locomotive est une machine à vapeur qui tire les wagons ou voitures du chemin de fer.

4. *La locomotive marche-t-elle toujours?* — Non, le **mécanicien** qui la conduit l'arrête dans toutes les villes importantes, à des endroits qu'on appelle **gares** ou **stations**. C'est à la gare que les voyageurs descendent ou achètent leurs **billets** ou **tickets** pour monter dans le train; c'est là qu'on charge et décharge les marchandises.

5. *Les chemins de fer sont-ils utiles?* — Ils sont très utiles; par le chemin de fer on voyage rapidement et à peu de frais; on transporte le coton, le blé, le sucre et toutes les marchandises pour peu d'argent. Les chemins de fer rendent le commerce et les voyages plus faciles. Aussi on construit des chemins de fer dans tous les pays civilisés.

6. *Quelles sont les principales lignes de chemins de fer d'Égypte?* — Il y a :

1° La ligne du Caire à Alexandrie;

2° La ligne du Caire à Suez, qui passe à Zagazig et Ismaïlia;

3° La ligne de Zagazig à Mansourah;

4° La ligne de la Haute-Égypte, qui remonte le Nil en passant par les principales villes; quand elle sera finie, elle ira jusqu'à Kosseir et mènera les voyageurs aux ruines de Louxor.

7. *Quand on se promène sur le Nil ou la mer, comment voyage-t-on?* — On voyage en bateau. Sur le Nil, les **felouques** ont des **voiles**, le vent les pousse; s'il n'y a pas de vent, on se sert de **rames**.

Les bateaux qui traversent les mers sont beaucoup plus

grands que les felouques et les dahabiéhs; au lieu de voiles, ils ont de puissantes machines à vapeur qui font tourner des **roues** ou des **hélices** et les font avancer rapidement. Ces bateaux, que l'on nomme encore **navires** et **paquebots**, peuvent

Paquebot.

emporter des centaines de personnes et beaucoup de marchandises : on dirait des maisons qui marchent, car on y voit des cuisines, des salles à manger, des chambres à coucher avec des lits, des chaises, etc.

VINGT-SIXIÈME LEÇON

L'EAU — LES NUAGES — LA NEIGE
LA GRÊLE

1. *Sans l'eau, l'Égypte serait un désert; aucune plante ne pousserait si l'on n'arrosait pas la terre. Qui fournit l'eau à l'Égypte? — C'est le Nil. Chaque année le Nil monte à partir du mois de juin jusqu'au mois d'octobre; au milieu du mois*

d'août, il commence à couvrir les terres ; il ne se retire qu'au mois de novembre après avoir laissé sur la terre un limon qui l'engraisse et la fertilise.

C'est le Nil qui donne l'eau aux canaux qui traversent les

Bateau à voiles.

terres et aux puits des sakiéhs. Sans le Nil, l'Égypte n'existerait pas.

2. *D'où vient l'eau du Nil?* — Le Nil est un grand fleuve qui prend sa source dans le centre de l'Afrique, dans un pays où il pleut beaucoup. Avant d'entrer en Égypte, il traverse des pays où il reçoit encore beaucoup d'eau par d'autres fleuves qui viennent se joindre à lui. L'eau du Nil vient donc

de la **pluie** qui tombe à ses sources dans le Soudan et l'Abyssinie.

3. *Qu'est-ce que la pluie?* — C'est l'eau qui tombe sur la terre; elle vient des **nuages** que le vent pousse dans tous les pays. Il ne pleut pas souvent en Égypte, mais il pleut souvent en Europe et dans le centre de l'Afrique.

4. *De quoi sont formés les nuages?* — Ils sont formés de **vapeur d'eau.**

Quand on fait chauffer de l'eau sur le feu, on voit au-dessus du vase une fumée qui sort de l'eau et disparaît dans l'air; cette fumée, c'est de l'eau qui s'en va en vapeur, c'est de la vapeur d'eau. L'eau des mers, des lacs et des fleuves est chauffée toute la journée par le soleil, elle donne beaucoup de vapeur, qui monte dans l'air et forme les nuages.

5. *Comment les nuages se changent-ils en pluie?* — Quand la vapeur d'eau monte dans l'air, elle est chaude, on ne la voit pas; en se refroidissant, elle forme de petites gouttes d'eau d'abord très fines, qui restent dans l'air et forment les nuages, puis en gouttes un peu plus grosses qui tombent en pluie. En Égypte, l'air est trop chaud pour que la vapeur se change en pluie, c'est pourquoi il pleut rarement même en hiver.

6. *Que devient l'eau de pluie?* — Elle s'enfonce dans la terre, coule dans les rivières et les fleuves qui la mènent à la mer; de sorte que les fleuves rendent à la mer l'eau que le soleil lui avait enlevée sous forme de vapeur.

7. *L'eau des nuages tombe-t-elle toujours en pluie?* — Non, elle tombe aussi sous forme de **neige** et de **grêle.**

Quand on refroidit l'eau, elle se change en **glace** et devient dure comme des pierres. Dans les pays où il fait très froid, l'eau des nuages tombe en petites aiguilles de glace blanche et légère comme du coton : c'est la **neige**; ou bien les gouttes d'eau se changent en petits morceaux de glace, et tombent en **grêle**.

La neige ne tombe que dans les pays et sur les hautes montagnes où il fait froid. La grêle tombe même dans les pays chauds pendant les **orages**.

8. *Qu'appelle-t-on orage?* — L'orage est une grande pluie accompagnée de **vent**, d'**éclairs** et de **tonnerre**. Dans certains pays, les orages sont très fréquents; on en voit peu souvent en Égypte.

9. *Qu'est-ce que le brouillard?* — C'est un nuage qui touche la terre ; quand on traverse le brouillard, on trouve ses vêtements mouillés. Il arrive souvent qu'on voit le soir et le matin, au-dessus du Nil et des endroits humides, une fumée blanche épaisse qui couvre l'eau et le sol : c'est de la vapeur d'eau qui ne s'est pas élevée dans l'air, elle forme ce nuage qu'on nomme brouillard. Le soleil, en le chauffant, le fait disparaître.

VINGT-SEPTIÈME LEÇON

LE CANAL

1. *Qu'appelle-t-on canal?* — C'est une rivière creusée par les hommes pour conduire l'eau à travers les pays. Les canaux servent pour l'arrosage des terres et pour le passage des bateaux. En Égypte les canaux sont très nombreux; ils mènent l'eau du Nil à travers tout le pays.

2. *Nommez les principaux canaux d'Égypte.* — 1° Le canal **Ismaïlieh**, qui donne de l'eau aux habitants d'Ismaïlia

et de Suez; 2° le canal **Mahmoudiéh**, qui fournit l'eau à la ville d'Alexandrie; 3° le **Charkaouiéh**, qui arrose la moudiriéh de Galioubiéh et celle de Charkiéh; 4° le **Bahr Moez**, qui passe à Zagazig et traverse la moudiriéh de Charkiéh; 5° le **Bahr-el-Chibin**, et 6° le **Bagouriéh**, dans les moudiriéhs de Menoufiéh et de Gharbiéh; 7° le **Katatbéh**, qui arrose la moudiriéh de Béhéra; 8° dans la Haute-Égypte, le Fayoum est arrosé par le **Bahr Youssef**; 9° et les moudiriéhs de Miniéh et de Beni-Souef reçoivent l'eau par l'Ibrahimiéh.

LES ÉCLUSES — LES PONTS

5. *Comment conserve-t-on toujours de l'eau dans ces*

Écluse.

canaux, pour le passage des bateaux? — On arrête l'eau au moyen de **barrages** et d'**écluses**.

Les bateaux franchissent les barrages par l'écluse; quand

le bateau passe, on ouvre deux portes qu'on referme aussitôt
pour empêcher l'eau de s'écouler.

*4. Comment les routes et les chemins de fer traversent-ils
les canaux et les fleuves?* — Ils traversent sur des ponts. Les
ponts sont des constructions en pierre, en briques ou en fer
qui vont d'une rive à l'autre du canal ou du fleuve.

LES DIFFÉRENTES SORTES D'EAUX

5. Toutes les eaux ont-elles le même goût? — Non; l'eau
des fleuves est **douce**, celle de la mer est **amère** et **salée**; dans
la terre on trouve des eaux chaudes ou froides qui ont d'autres goûts; on les appelle **eaux minérales**; elles sont bonnes
pour la santé. À Hélouan il y a une source d'eau minérale.

VINGT-HUITIÈME LEÇON

LE SEL

1. Qu'est-ce que le sel? — C'est une substance blanche
ou grise, que l'on achète en grains gros comme du sable ou
de petits cailloux. Il n'est pas bon à manger seul, mais on le
mélange à presque tous les aliments pour les rendre meil-
leurs; sans sel, le pain ne serait pas bon, nous ne pourrions
pas manger la viande, ni le poisson, ni les légumes.

Le sel conserve la viande, le poisson et les légumes.

2. Où trouve-t-on le sel? — Dans l'eau de mer et dans la
terre.

Le sel de la mer se nomme **sel marin**. Pour l'obtenir, on
fait venir l'eau de mer dans des réservoirs peu profonds
appelés **marais salants**; le soleil en chauffant l'eau la change

en vapeur; au fond des réservoirs, il ne reste que le sel, que l'on entasse au bord pour le vendre.

Le sel de la terre se nomme **sel gemme**; on le retire du sol

Marais salants.

comme la pierre, par gros blocs que l'on brise et que l'on fait fondre dans l'eau.

Pour avoir du sel bien blanc, il faut le **raffiner**, c'est-à-dire le faire fondre plusieurs fois dans l'eau, que l'on fait **évaporer** dans des chaudières sur le feu, ou au soleil comme dans les marais salants.

3. *Trouve-t-on du sel en Égypte?* — Oui; on en trouve au bord de la mer et dans le désert; souvent même l'eau des puits est un peu salée.

LES ÉPICES

4. *Ne mélange-t-on pas encore autre chose aux aliments pour les manger?* — On y ajoute du poivre, de l'huile, du vinaigre, de la moutarde et différentes substances qu'on nomme **épices**.

5. *Qu'est-ce que le poivre?* — C'est le fruit du poivrier, arbre qui croît en Égypte; pour le mélanger aux aliments, il doit être réduit en poudre.

6. *Qu'est-ce que l'huile et le vinaigre?* — Ce sont des liquides. L'huile est fournie par les fruits et les graines de plusieurs plantes; la meilleure est l'huile d'olives.

Le vinaigre est un vin blanc ou rouge que l'on a fait aigrir.

7. *D'où viennent les épices?* — Presque toutes les épices viennent des pays chauds.

VINGT-NEUVIÈME LEÇON

LE TEMPS

1. *A quoi sert l'horloge?* — Elle nous indique l'heure à chaque instant de la journée.

Une horloge se compose d'un **cadran** divisé en douze heures, de **deux aiguilles** qui tournent sur ce cadran et marquent l'heure, et de plusieurs roues placées dans l'intérieur qui tournent lentement. Un **ressort** ou un **poids** fait tourner les roues, les roues font tourner les aiguilles.

Les **montres** qui se portent dans la poche et les **pendules** qui ornent les maisons sont des espèces d'horloges.

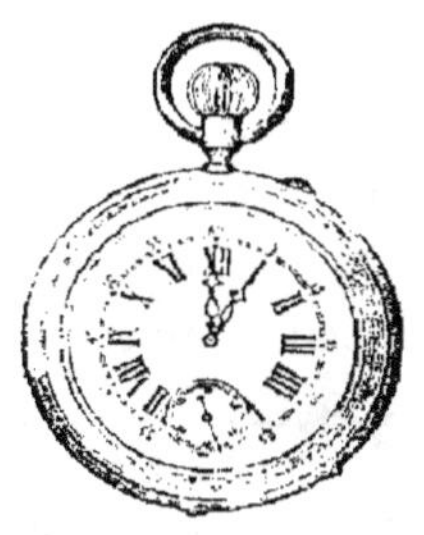

Montre.

2. *Combien y a-t-il d'heures dans la journée?* — Chaque **jour** ou **journée** est composée de **vingt-quatre heures** égales; chaque heure se divise en **soixante minutes**, la minute en **soixante secondes**.

3. *Qu'appelle-t-on semaine, mois, année?*

Sept jours font une **semaine**.

Quatre semaines font un **mois**.

Douze mois font une **année**.

4. *Nommez les jours de la semaine.*

Le 1ᵉʳ jour est le lundi.
Le 2ᵉ — — mardi.
Le 3ᵉ — — mercredi.
Le 4ᵉ — — jeudi.
Le 5ᵉ — — vendredi.
Le 6ᵉ — — samedi.
Le 7ᵉ — — dimanche.

5. *Quel nom donne-t-on aux mois?* — L'année commence le 1ᵉʳ janvier.

Les autres mois sont : **février, mars, avril, mai, juin, juillet, août, septembre, octobre, novembre, décembre.**

Tous les mois n'ont pas le même nombre de jours; ils ont 28 ou 29 jours, 30 et 31 jours.

L'année se compose de 365 ou 366 jours.

6. *Comment se divise la journée?* — Elle se divise en deux parties : le **jour** et la **nuit**.

On dit qu'il fait jour quand le soleil éclaire la terre; la nuit commence le **soir**, au coucher du soleil, et finit le **matin**, à son lever.

7. *Qu'est-ce que le soleil?* — C'est une énorme boule ronde tout en feu, qui nous éclaire et nous chauffe. C'est le soleil qui fait pousser les plantes, les fleurs et les fruits, qui fait mûrir le blé, le coton et la canne à sucre; sans lui la terre serait froide, glacée et inhabitable.

8. *Qui éclaire la terre pendant la nuit?* — C'est la lune,

une boule ronde plus petite que le soleil et la terre; elle est froide et nous éclaire sans nous chauffer.

La lune change de forme; au commencement du mois arabe, c'est un **croissant**, qui grandit et devient tout rond au milieu du mois, puis qui diminue pour redevenir croissant.

Quand la lune est ronde, on la nomme la **pleine lune**; quand c'est un croissant, on l'appelle la **nouvelle lune**.

TRENTIÈME LEÇON

LE SOLEIL — LA LUNE — LES SAISONS

9. *Les Arabes ont-ils divisé le temps comme nous venons de le voir?* — Non; l'année arabe est plus courte de onze jours; les mois commencent toujours avec la nouvelle lune; la journée est partagée en douze heures de jour et douze heures de nuit; comme la nuit n'est pas souvent égale au jour, il se trouve que la durée des heures varie chaque jour.

10. *Fait-il toujours aussi chaud toute l'année?* — Non: c'est pour cela qu'on a partagé l'année en **saisons**. Il y a quatre saisons dans l'année : 1° le **printemps**; 2° l'**été**; 3° l'**automne**; 4° l'**hiver**.

Quand le Nil monte, c'est l'été, il fait très chaud; on est à la fin du mois de juin.

Vers la fin du mois de septembre, le Nil ne monte plus guère, la chaleur diminue, alors l'automne commence.

Le Nil s'est retiré tout à fait, il fait frais, un peu froid le matin; c'est l'hiver qui commence à la fin de décembre.

Enfin, la chaleur revient peu à peu, le Nil baisse toujours;

on voit des fleurs et des feuilles nouvelles dans tous les arbres.

C'est le printemps qui commence en mars pour finir en juin.

Chaque saison dure trois mois.

PREMIÈRE PARTIE

PREMIÈRE LEÇON

LES BÊTES DE SOMME

1. *Tous les animaux nous aident-ils de la même façon?* — Non; les uns, comme le chameau, le baudet, portent les fardeaux sur leur dos, on les nomme **bêtes de somme**; les autres, comme le bœuf, le cheval, le baudet, traînent les charrues, les voitures et les charrettes; ce sont des **bêtes de trait**.

LES CARNASSIERS

2. *Les animaux se nourrissent-ils tous de la même manière?* — Non; les uns mangent l'herbe, les autres les fruits, les autres les insectes, d'autres se nourrissent de chair.

3. *Comment appelle-t-on ceux qui se nourrissent de chair?* — On les appelle **carnivores**, ou animaux **carnassiers**; ce sont les plus dangereux. On les reconnaît à leurs dents fortes et pointues, à leurs ongles puissants et recourbés qui se cachent entre les doigts et s'allongent pour s'enfoncer dans la chair des animaux qu'ils dévorent; ils peuvent sauter très loin, et grimper aux arbres; leurs yeux sont si perçants qu'ils voient aussi bien la nuit que le jour.

4. *Citez des animaux carnivores.* — 1° Le **chat**; voyez ses pattes armées de griffes qui déchirent la chair, et ses dents pointues qui croquent les os des souris; la nuit, ses yeux brillent comme deux petites lumières; le **lion**, le plus grand et le plus fort des carnassiers; le **tigre**, le plus féroce de tous les animaux; la **panthère**; le **léopard**, qui vivent en Afrique et en Asie; le **jaguar**, le tigre d'Amérique.

Tous ces animaux ont des dents et des griffes de chats.

2° Le **chien** est aussi un carnivore, ainsi que le **loup**, le **renard** et le **chacal**; mais ils ne sont pas féroces comme les premiers, leurs pattes n'ont pas des griffes pointues comme les chats.

3° L'**ours blanc**, carnassier aussi dangereux que le tigre, dont les mâchoires sont puissantes et les griffes aussi pointues que celles des chats.

LES OISEAUX DE PROIE

5. *Existe-t-il aussi des oiseaux carnivores?* — Oui, comme on trouve aussi des poissons carnassiers, et des insectes carnassiers.

6. *Nommez des oiseaux carnivores.* — Les **aigles**, les **vautours**, assez forts pour emporter un mouton, les **milans**, les **faucons**, moins grands, qui enlèvent les poulets et les pigeons; les **hiboux**, qui chassent la nuit.

Faucons.

On les nomme **oiseaux de proie**.

Ils sont faciles à reconnaître par leur bec crochu et leurs griffes puissantes; leurs yeux sont perçants, leur vol rapide.

Les oiseaux de proie ne vivent que d'animaux, qu'ils chassent et tuent à coups de bec.

7. *Tous les oiseaux sont-ils des oiseaux de proie?* — Non; la plupart se nourrissent de graines et d'insectes; ils sont utiles, il ne faut pas les tuer, ni dénicher leurs nids. En outre, ils nous charment par leur chant.

LES OISEAUX CHANTEURS

8. *Connaissez-vous des oiseaux qui chantent bien?* —

Alouette huppée.

Le meilleur chanteur est le **rossignol**, qu'on entend le soir dans les jardins, puis viennent la **fauvette**, le **chardonneret**, le **pinson**, l'**alouette**, les **serins** jaunes, les petits **bengalis**, etc.

On élève les **perroquets** pour leur apprendre à parler.

9. *Trouve-t-on les mêmes oiseaux dans tous les pays?* — Non ; chaque climat a ses oiseaux. Les oiseaux des pays froids ont un plumage blanc ou gris, tous volent très bien et vivent surtout de poissons ; ceux des pays chauds sont remarquables par leur chant et la beauté de leur plumage ; parmi eux on trouve les couleurs et les formes les plus variées.

DEUXIÈME LEÇON

LES HERBIVORES

1. *Quel nom donne-t-on aux animaux qui se nourrissent d'herbe?* — On les nomme **herbivores**. Ce sont les plus grands,

Rhinocéros.

les plus forts et les plus utiles à l'homme. Presque tous sont domestiques ou peuvent être apprivoisés.

2. *Citez des herbivores.* — Le chameau, le bœuf, le cheval, l'âne, la chèvre, le mouton, le renne, qui sont domestiques.

La **girafe**, la **gazelle**, l'**antilope**, le **cerf**, etc., qui vivent encore à l'état sauvage dans les forêts.

L'**éléphant**, l'**hippopotame**, le **rhinocéros**, qui vivent au bord des fleuves dans les pays chauds; ils sont remarquables par leur taille et l'épaisseur de leur peau.

LES RONGEURS

5. *Le lapin et le lièvre sont-ils des herbivores?* — Non; tous les animaux qui, comme le lapin, mangent du bout

Écureuils.

des dents, se nomment **rongeurs**. Les rongeurs sont tous nuisibles.

4. *Quels sont les principaux rongeurs?* — Les **rats** et les **souris**, qui vivent dans les campagnes et dans les maisons, où ils mangent tout ce qu'ils trouvent : pain, fromage, blé, cuir, vêtements, etc.

Les **lièvres** et les **lapins**, qui vivent dans les campagnes; ils se nourrissent de blé, d'herbes et de jeunes plantes; quand ils sont trop nombreux, ils sont très nuisibles.

Les **castors**, qui vivent par troupes, au bord de certains fleuves; pour construire leurs cabanes, ils abattent des arbres.

Les **écureuils**, gentils petits animaux qui vivent sur les arbres et se nourrissent de fruits et de jeunes plantes.

5. *Comment détruit-on les rongeurs?* — Le chat, le hibou chassent les rats et les souris; le loup et le renard attrapent beaucoup de lièvres et de lapins; l'homme leur tend des pièges, il chasse les lièvres et les lapins pour les manger.

LES KANGOUROUS — LES SARIGUES

6. *En Océanie, on trouve un herbivore très curieux qui a sous le ventre une petite poche pour mettre ses petits. Quel*

Kangourou.

est son nom? — C'est le kangourou; ses pattes de devant sont très courtes, ses pattes de derrière et sa queue très longues et très fortes; il marche mal, mais il saute très bien.

Les kangourous ne vivent qu'en Océanie ; on les chasse pour manger leur chair.

7. *Ne trouve-t-on pas en Amérique d'autres animaux*

Sarigue.

aussi curieux? — Oui, les sarigues, petits animaux de la taille d'un lièvre ou d'un rat ; elles ont des mains de singe et vivent surtout sur les arbres ; elles sont carnivores, chassent les oiseaux et les insectes.

Aussitôt que les sarigues et les kangourous entendent du bruit, ils poussent un cri, les petits accourent vite, et entrent dans la poche de la mère, qui les emporte.

LES PAPILLONS

1. *D'où viennent ces beaux papillons dont les ailes brillent des plus belles couleurs?* — Ils viennent tous d'une chenille, souvent très laide, qui se traîne sur les feuilles et sur les branches.

2. *Racontez l'histoire d'un papillon.* — Le papillon est d'abord une chenille qui dévore les plantes; quand elle a assez mangé, qu'elle est bien grasse, elle s'endort, se durcit, ne bouge plus, on la croirait morte; mais elle dort seulement, on la nomme alors **chrysalide** ou **nymphe**.

Au bout de quelques jours ou de quelques semaines, la chrysalide a des pattes et des ailes; sa peau noire ou grise tombe, et un beau papillon s'envole sur les fleurs.

Ce papillon pondra des œufs tout petits d'où naîtront des chenilles qui se changeront encore en papillons.

3. *Tous les insectes ont-ils la même histoire?* — Oui; tous les insectes sont d'abord des chenilles, puis des nymphes; quelques-uns n'ont pas d'ailes, comme les fourmis. Quelques chenilles, avant de devenir chrysalides, s'enferment dans un cocon, comme le ver à soie; d'autres se cachent dans une feuille ou dans la terre.

4. *De quoi se nourrissent les papillons?* — Quelques-uns ne mangent pas; d'autres ont une **trompe** avec laquelle ils vont chercher le suc au fond des fleurs; d'autres avec leur **aiguillon** percent la peau des animaux et se nourrissent de leur sang.

Ils ne vivent que quelques heures ou quelques jours seulement; mais à l'état de chenilles ils vivent plusieurs semaines ou même plusieurs années; c'est alors qu'ils mangent beaucoup et sont très nuisibles.

5. *Quels sont les insectes les plus nuisibles?* — Ce sont :

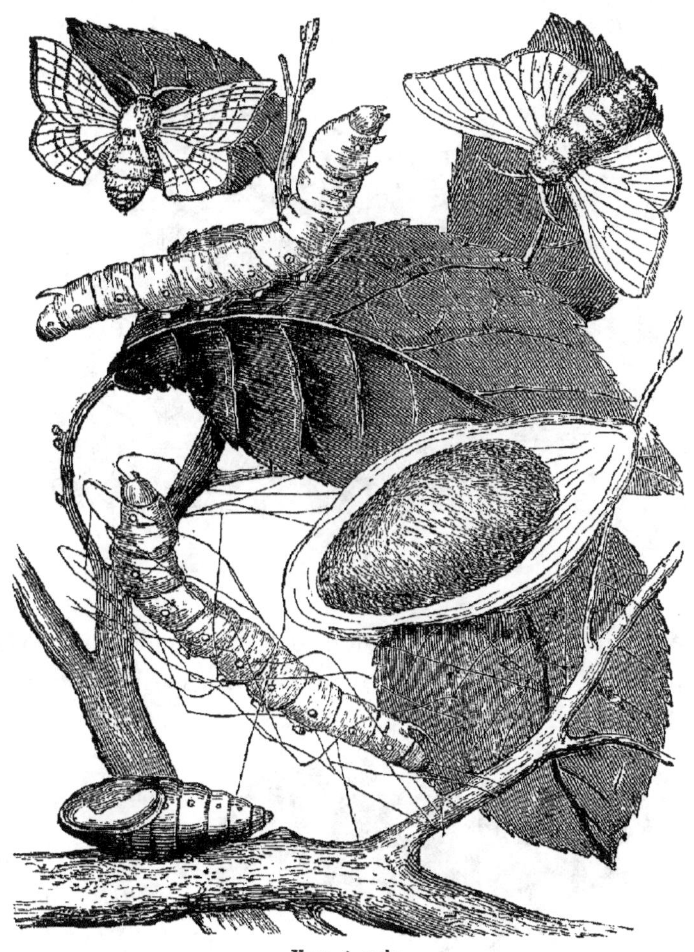

Vers à soie.

le **hanneton**, dont la chenille, nommée **ver blanc**, vit dans la terre et mange les racines des plantes en Europe; le **charançon**, qui mange la farine du blé dans les greniers; le **phyl-**

loxera, qui fait mourir la vigne; les **pucerons**, qui mangent les jeunes fleurs et les jeunes légumes; les **criquets** ou

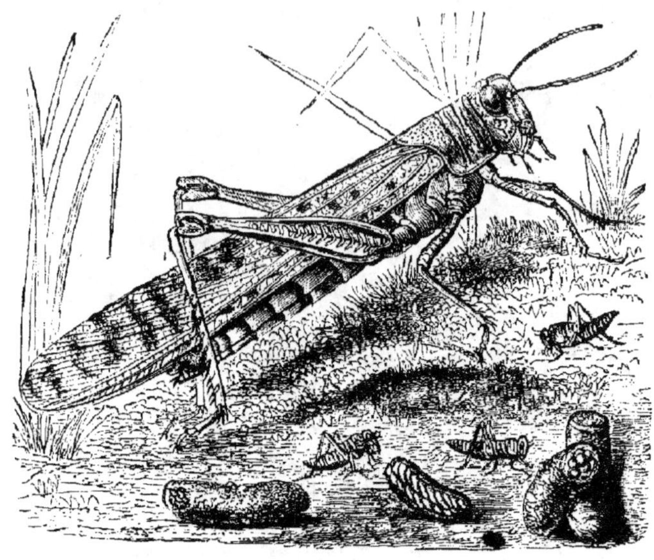

Criquets.

grandes sauterelles qui s'abattent sur les récoltes, en Algérie et en Égypte, et dévorent toutes les plantes. En général, tous sont nuisibles, et il faut les détruire.

Chauve-Souris.

6. *Comment peut-on détruire tous ces insectes?* Il serait impossible à l'homme de les détruire tous, mais plusieurs animaux ne se nourrissent que d'in-

sectes et passent leur vie à leur faire la guerre; on les nomme insectivores.

7. *Quels sont les principaux animaux insectivores?* — Au premier rang sont les oiseaux, grands mangeurs de papillons, de chenilles, de mouches de toutes sortes qu'ils attrapent en volant; puis vient la **chauve-souris**, sorte de souris avec des ailes de peau, qui vole le soir et la nuit pour chasser les papillons de nuit dont elle se nourrit.

Les insectes qui vivent sur la terre sont mangés par les crapauds, les lézards et les hérissons tout garnis de poils raides et piquants; ceux qui vivent dans la terre sont chassés par les **taupes**, dont la vie se passe sous terre, dans des galeries qu'elles se creusent.

L'ARAIGNÉE — LE SCORPION

Scorpion.

8. *L'araignée est-elle un insecte?* — Non; son corps n'est

pas divisé en **trois parties**; elle a **huit pattes au lieu de
six**.

9. *De quoi se nourrit-elle?* — De mouches et d'insectes
qui viennent se prendre dans la toile qu'elle file au coin des
murs, sous les branches et sur la terre; elle les tue avec ses
deux crochets empoisonnés et les dévore.

10. *Connaissez-vous une sorte d'araignée très dangereuse?*
— Oui; le scorpion, sorte d'araignée munie d'une queue
terminée par un aiguillon empoisonné.

Plusieurs grosses araignées des pays chauds ont une morsure douloureuse.

QUATRIÈME LEÇON

LES MOLLUSQUES — LES CRUSTACÉS

1. *Il existe encore plusieurs autres sortes d'animaux qui
vivent sur la terre et dans l'eau. Comment appelle-t-on ceux
qui ont le corps très mou?* — Ce sont les **mollusques**; ils s'enferment le plus souvent dans des coquilles qui grandissent
avec leur corps.

Les limaces, les escargots des vignes sont des mollusques qui
se nourrissent de feuilles et de légumes; il faut les détruire.

2. *Trouve-t-on des mollusques dans la mer?* — On en
trouve beaucoup; presque tous ont des coquilles. Les plus
connus sont les **huîtres**, très bonnes à manger, qu'on pêche au
bord des mers; leur coquille plate est formée de deux morceaux tandis que les escargots ont une coquille enroulée et
d'une seule pièce.

3. *D'autres animaux ont le corps recouvert d'une croûte
dure qui les protège; comment les nomme-t-on?* — On les

nomme **crustacés**; leur corps est formé d'anneaux; quelques-uns ont deux grandes pattes, appelées **pinces**, avec lesquelles ils arrêtent les animaux qu'ils veulent manger.

Homard et Langouste.

Les plus connus sont les **homards** et les **langoustes**, qui vivent dans la mer; leur chair est bonne à manger.

On trouve chez les épiciers des homards cuits et conservés dans des boîtes de fer-blanc.

LES ÉPONGES — LE CORAIL

4. Les éponges et le corail sont-ils des animaux? — Oui; ce sont des animaux qui vivent dans la mer attachés aux rochers, le long des côtes.

Les éponges ont le corps très mou, percé de nombreux

trous; on en pêche beaucoup sur les côtes de la Méditerranée. Pour les avoir on se sert de crochets qui les arrachent, ou bien des hommes plongent et, avec un couteau, détachent l'éponge de son rocher.

Le corail ressemble plutôt à une plante, il est dur comme une pierre. Ces petits animaux vivent par milliers, ils forment au fond des mers chaudes des espèces d'arbres très durs percés de trous; au fond de chaque trou vit un petit animal qu'on prendrait pour une fleur.

On pêche le corail pour faire des bijoux. On en trouve surtout en Océanie, autour des îles, où il forme quelquefois une ceinture qui empêche les bateaux d'approcher.

On en pêche aussi sur les côtes de la Méditerranée.

Corail.

DEUXIÈME PARTIE

LES CÉRÉALES

1. Nous avons vu que l'Égypte produit des plantes ali-
mentaires, des plantes fourragères et des plantes industrielles.
Quelles sont les plantes alimentaires les plus utiles? — Ce sont
le **blé**, le **riz**, le **maïs**, l'**orge**, que l'on cultive beaucoup en
Égypte, la **pomme de terre**, l'**avoine** et le **seigle**, que l'on
trouve en Europe.

2. Qu'est-ce que le blé ? — C'est une **céréale**, comme le
riz, le maïs, l'orge et l'avoine; c'est la plante la plus utile
à l'homme, puisque c'est avec sa graine qu'il fait son pain.

3. A quoi sert encore la farine du blé? — On en fait du
vermicelle, du **macaroni** et toutes les pâtes semblables connues
sous le nom de **pâtes d'Italie**.

4. Qu'est-ce que le riz? — C'est une céréale qui croît dans
les pays chauds et humides; sa graine contient une farine
blanche très nourrissante.
On le cultive dans la Basse-Égypte.

5. Qu'appelle-t-on maïs? — C'est une plante plus grande
que le riz, très cultivée en Égypte; sa graine est nourrissante; ses tiges et ses feuilles sont bonnes pour les animaux.

6. A quoi sert l'orge? — L'orge, que l'on cultive en Égypte,
sert à la nourriture des chevaux; sa graine ressemble au blé;
mais sa farine fait de mauvais pain.

En Europe, on emploie l'orge pour la fabrication de la bière.

7. *Pourquoi cultive-t-on l'avoine et le seigle en Europe?* — L'avoine est très bonne pour les chevaux en Europe; quant au seigle, il remplace le blé dans les pays pauvres, pour faire le pain.

À ces plantes alimentaires il faut ajouter les légumes et la canne à sucre, cultivés dans toute l'Égypte.

SIXIÈME LEÇON

LE SUCRE

1. *Qu'est-ce que le sucre?* — C'est une substance blanche, dure, qui disparaît rapidement dans l'eau; on dit alors qu'il est dissous dans l'eau, comme le sel dans la mer. Il se trouve dans le jus de presque toutes les plantes; mais on le retire surtout de la betterave et de la canne à sucre.

2. *Comment retire-t-on le sucre de la canne à sucre?* — Quand les cannes sont mûres, on les coupe et on les porte tout de suite à l'usine, où elles sont broyées entre des cylindres; le jus sucré qui tombe passe dans plusieurs chaudières chauffées, où il est cuit et où il devient de plus en plus épais; à la fin, quand il est refroidi, on obtient un sucre jaune et dur.

Ce sucre doit être blanchi, **raffiné**; pour cela, on l'envoie à la raffinerie, où il est purifié et coulé en pains comme on l'achète.

3. *Qu'est-ce que la betterave?* — C'est une sorte de gros radis cultivé en Europe, dont le jus est très sucré. Pour obtenir le sucre, on coupe les betteraves par tranches minces qu'on presse ou qu'on laisse tremper dans l'eau. Le jus obtenu est traité dans des usines comme le jus des cannes.

4. *A quoi sert le sucre?* On le mélange à plusieurs boissons pour les rendre plus agréables au goût; on s'en sert pour faire des **sirops**, des **confitures** et des **gâteaux**; enfin, il est employé pour conserver les fruits.

LES PLANTES INDUSTRIELLES

Tabac.

5. *Quelles plantes industrielles trouve-t-on en Égypte?*

1° Le **lin** et le **chanvre**, dont l'écorce donne une filasse employée à la fabrication de toiles, de cordages et de fils, et dont la graine contient une huile utilisée en peinture;

2° Le **cotonnier**, dont les fils qui entourent la graine sont facilement tissés;

3° L'**olivier**, l'**arachide**, le **sésame**, dont la graine fournit une huile très estimée;

4° L'**indigotier**, duquel on retire l'indigo, employé dans le blanchissage du linge;

5° Le **mûrier**, avec les feuilles duquel on nourrit les vers à soie;

6° Le **tabac**, dont on fume les feuilles séchées et préparées.

6. *Le tabac est-il une plante utile?* — Non; il est au contraire nuisible, car il contient un poison capable de faire mourir. C'est pourquoi il ne faudrait pas fumer.

7. *D'où vient la plus grande partie du tabac fumé en Égypte?* — Il vient de Syrie et de Turquie; les cigares viennent de l'Inde, de la Havane (Cuba) et de Manille (îles Philippines) ou d'Europe.

SEPTIÈME LEÇON

LES FORÊTS

1. *Qu'appelle-t-on forêts?* — On appelle ainsi de grandes étendues de terrain couvertes d'arbres. Il n'y a pas de forêts en Égypte, toute la terre est cultivée et le désert est trop sec pour que les arbres y poussent.

Dans le Soudan, dans toute l'Afrique centrale, sur toutes les montagnes et dans tous les pays où il pleut beaucoup, on trouve de vastes forêts plantées d'arbres de toute espèce.

2. Trouve-t-on les mêmes arbres dans toutes les forêts? —
Non, chaque pays a ses arbres, comme il a ses animaux.

Les **pins** et les **sapins** poussent dans tous les pays ; le **chêne,**

Cèdre.

le **hêtre,** le **châtaignier,** le **noyer,** le **cerisier,** le **cèdre,** le
peuplier, le **chêne-liège** poussent dans les pays tempérés,
comme l'Europe.

Les **sycomores,** les **palmiers,** les **baobabs,** les **eucalyptus,**
l'**acajou,** le **palissandre,** l'**ébène,** etc., ne viennent que dans
les pays chauds.

3. *Quelle est l'utilité des arbres?* — En plus des graines et des fruits qu'ils nous donnent, leur **bois** est employé dans la construction des maisons et des navires, dans la fabrication des meubles, de beaucoup d'outils et d'instruments; leur **sève**, leur **écorce**, tout est utile.

4. *Quels sont les bois employés pour la fabrication des meubles?* — Les plus employés sont : le noyer, le cerisier, l'érable, l'acajou, l'ébène et le palissandre, et tous les bois qu'on appelle bois précieux; on fabrique encore de beaux meubles en chêne et des meubles à bon marché en sapin.

5. *Quels bois emploie-t-on pour les constructions?* — Le chêne est le plus dur et le meilleur pour la construction des navires; pour les ouvrages de menuiserie on emploie surtout le sapin.

6. *Avec quels bois fabrique-t-on les outils et les instruments?* — On emploie des bois durs comme le hêtre, le noyer, le cerisier, etc., qui se polissent facilement.

7. *Que nous fournit la sève des arbres?* — De la sève des pins et des sapins on retire la **résine**; d'autres fournissent le **caoutchouc**, la **gomme arabique**, l'encens et une grande quantité d'autres produits très utiles.

8. *A quoi servent la résine et la gomme?* — La résine est une matière dure qui fond à la chaleur et brûle facilement; on s'en sert dans la fabrication des **vernis**, des **laques**, de la **poix** des cordonniers, etc.

La gomme est employée en médecine, elle fond dans l'eau et sert pour apprêter les étoffes de coton, les chapeaux de paille, etc.

9. *Qu'est-ce que le liège?* — C'est l'écorce d'un arbre appelé chêne-liège; cette écorce très légère est employée pour fabri-

quer les bouchons des bouteilles, les casques dans les pays chauds.

10. *Trouve-t-on des plantes dans la mer? — On en trouve*

Plantes marines.

beaucoup; mais elles ne ressemblent pas aux plantes terrestres, elles vivent fixées aux rochers; les **algues** et les **varechs**, qu'on trouve au bord de la mer, sont des plantes marines.

TROISIÈME PARTIE

L'ARGILE

Dans nos précédentes leçons nous n'avons étudié que les animaux et les plantes; maintenant nous étudierons les choses qui ne vivent pas, qui ne grandissent pas; on les trouve dans la terre, dans les plantes ou dans les animaux.

1. *D'abord, de quoi se compose la terre?* — La terre est composée de beaucoup de choses. Les principales qu'on y trouve sont l'**argile**, le **sable**, plusieurs sortes de **pierres** et les **métaux**.

2. *Qu'est-ce que l'argile?* — C'est une sorte de terre qui se pétrit facilement dans l'eau, en formant une pâte qui durcit à l'air.

Avec l'argile on fabrique des **briques**, des **tuiles** et des **poteries**.

LES BRIQUES — LES TUILES

5. *Comment fabrique-t-on les briques et les tuiles?* — 1° On pétrit de l'argile avec de l'eau et on en fait une pâte dure; 2° on taille cette pâte en morceaux de la grosseur et de la forme d'une brique, ou bien on met la pâte dans des moules pour lui faire prendre la forme d'une brique ou d'une tuile; 5° on laisse sécher ces morceaux à l'air, puis on les fait cuire dans des fours spéciaux.

Les briques et les tuiles cuites sont généralement rouges.
En Égypte on en fabrique beaucoup, simplement séchées au
soleil; elles sont moins solides que les autres.

4. *A quoi servent les briques et les tuiles?* — Avec les
briques, on construit les murs et les cloisons des maisons;
les tuiles servent à faire des couvertures.

LA POTERIE

5. *Qu'appelle-t-on poterie?* — On appelle ainsi tous les
vases en terre cuite, tels que
zirs, gargoulettes, assiettes,
soupières, etc.

On distingue : la **grosse poterie**, faite avec de l'argile
grossière, comme les pots à
fleurs; la **faïence**, faite d'argile
plus fine, quelquefois blan-
che; les assiettes, les plats,
les soupières sont le plus souvent en faïence; la **porcelaine**, faite d'une argile blanche et fine comme la farine,
appelée **kaolin**.

Potier.

6. *Comment fabrique-t-on
tous les vases et ustensiles de
cuisine en terre cuite?* — Ils sont fabriqués à l'aide du **tour
à potier**. Un ouvrier nommé potier prend un morceau d'argile pétrie, le pose sur son tour, qu'il fait tourner rapidement
avec son pied; en même temps, avec ses mains, il arrondit
sa pâte, la creuse, et lui donne la forme du vase qu'il veut
faire.

Les vases sont ensuite séchés à l'air, puis portés dans un four spécial où ils sont cuits. Ainsi sont faits les zirs, gargoulettes, pots à fleurs.

Mais ces vases sont **poreux**, c'est-à-dire qu'ils laissent passer l'eau, et ne peuvent servir pour la vaisselle.

7. *Qu'appelle-t-on faïence?* — C'est une poterie recouverte d'un **vernis**. Quand les vases sont secs, on les plonge dans une pâte très claire appelée **couverte**; cette couverte contient des substances qui fondent au four et recouvrent les vases d'une couche de vernis; alors l'eau ne peut plus les traverser.

En faïence, on fabrique des ustensiles de cuisine de toutes sortes.

8. *Que fait-on en porcelaine?* — Des vases de toute espèce, des statuettes, de la vaisselle, etc.

Les objets de porcelaine sont très chers. Ils sont fabriqués dans des moules comme la plupart des objets de faïence.

Les couleurs des dessins sont contenues également dans une pâte avec laquelle on les trace; elles sont cuites au four.

9. *Trouve-t-on des briqueteries et des poteries en Égypte?* — On en trouve beaucoup dans tout le pays et surtout dans la Haute-Égypte. Les anciens Égyptiens savaient fabriquer de belles poteries.

NEUVIÈME LEÇON

LE SABLE

1. *Qu'est-ce que le sable?* — C'est une poussière qui provient de l'usure des pierres; on peut faire du sable en écrasant les pierres sous de grosses meules. On trouve beaucoup

de sable dans le désert, au bord de la mer et quelquefois dans les fleuves.

2. *A quoi sert-il?* — Il est employé pour faire le mortier des maçons, pour fabriquer des briques et des **poteries de grès**, mais son plus grand emploi est dans la fabrication du **verre**.

LE VERRE

3. *Qu'est-ce que le verre?* — C'est une matière trans-

Soufflage de cylindres pour verres à vitres.

parente, très dure et très fragile, composée de sable, de potasse, de soude, de chaux ou de plomb fondus ensemble.

4. *Comment l'obtient-on?* — Il y a plusieurs sortes de verres; on distingue le **verre à vitres**, le **verre à bouteilles**, le **verre à glaces**, le **cristal**, qui est le plus beau de tous les verres. Tous ne se fabriquent pas de la même façon.

Pour avoir du verre à vitres, un ouvrier appelé **verrier** met dans un pot de terre une poussière composée de sable, de chaux et de soude: il porte le vase dans un four très chaud et l'y laisse jusqu'à ce que la poussière soit fondue.

Pour les autres verres on mélange le sable avec d'autres substances.

5. *Comment fabrique-t-on les objets en verre?* — Aujourd'hui presque tous les vases et objets en verre sont coulés dans des moules; quand le verre est très chaud, il est mou et prend facilement la forme qu'on veut lui donner; on a des instruments pour le tailler et pour y tracer des dessins.

DIXIÈME LEÇON

LES CHARBONS

1. *Pour cuire les poteries et le verre, il faut une grande chaleur dans les fours; avec quoi chauffe-t-on?* — Dans les pays où il y a beaucoup de forêts, on chauffe au bois; dans les autres, on emploie la **houille**.

LA HOUILLE

2. *Qu'est-ce que la houille?* — La **houille** ou **charbon de terre** est une sorte de pierre noire que l'on trouve dans la terre; on la retire des **houillères** ou **mines de houille**.

Elle brûle en donnant beaucoup de chaleur et de fumée.

3. *Comment retire-t-on ce charbon de la terre?* — Des

ouvriers appelés **mineurs** descendent dans la terre par un
puits profond qui les mène à des **galeries,** sortes de chemins
creusés sous terre. Au fond de ces galeries les uns détachent
des blocs de houille avec leurs instruments, et les autres la

Intérieur d'une mine.

conduisent au puits, par où elle est remontée dans de grands
paniers de fer, qu'une machine à vapeur fait monter et
descendre.

Le travail des mineurs est très fatigant; ils sont toujours
dans l'eau, à peine éclairés par une petite lampe. Quelquefois un terrible feu, qu'ils nomment le **grisou,** s'allume brusquement, faisant trembler la terre, enflammant la mine,
tuant et brûlant les hommes et les animaux qui travaillent.

4. Puisque ce travail est si dangereux et si pénible, pourquoi envoie-t-on des hommes dans la mine ? — Parce qu'aujourd'hui on ne saurait se passer de houille. Sans houille, pas de machines à vapeur, pas de chemins de fer, pas d'usines à sucre en Égypte, pas de gaz pour éclairer les villes. Elle est donc indispensable à l'industrie.

LE CHARBON DE BOIS

5. *Comment obtient-on le charbon de bois?* — Quand on coupe les forêts, des ouvriers nommés **charbonniers** entassent de petits arbres et des branches, de manière à en former une

Meule à charbon de bois.

meule à peu près ronde qu'ils recouvrent de terre. Cela fait ils mettent le feu à la meule; le bois brûle lentement et se transforme en charbon.

Ce charbon brûle sans flamme ni fumée, en donnant beaucoup de chaleur.

LE COKE — LE GRAPHITE — LE JAIS LE DIAMANT

6. *Connaissez-vous d'autres charbons?* — Il y a encore : le **coke**, provenant de la houille qui a servi à faire le gaz d'éclairage; ce charbon est léger, il brûle sans flamme ni fumée, et donne beaucoup de chaleur, mais il est difficile à allumer.

Le **graphite**, appelé aussi **plombagine** et **mine de plomb**, que l'on emploie pour faire l'intérieur des crayons.

Le **jais**, charbon très noir et très brillant avec lequel **on** fait des bijoux.

Le **diamant**, charbon trè rare dont on fait des bijoux d'un prix très élevé.

Ce charbon est le plus dur de tous les corps; on s'en sert pour couper le verre.

ONZIÈME LEÇON

LES PIERRES

1. *Quelles sont les principales espèces de pierres?* — La plus dure est le **granit**, qui convient surtout pour la construction des murs, des ponts et des digues, au bord de la mer.

Les **pierres calcaires**, très variées, que l'on emploie sous la forme de **pierre à bâtir** ordinairement blanche, de **pierre à chaux**, de **pierre à plâtre**, de **craie**, d'**albâtre** et de **marbre**.

Ces pierres se trouvent dans tous les pays; ce sont elles qui forment les montagnes; l'Égypte en possède de toutes les sortes.

Pour les extraire, on creuse des **carrières**.

2. *A quoi sert la pierre à chaux?* — C'est une pierre blanche que l'on cuit dans de grands fours spéciaux pour avoir la chaux. On emploie la chaux pour faire le mortier, pour faire pousser les récoltes, dans certains pays, et pour beaucoup d'autres usages.

Le **ciment** est une espèce de chaux qui durcit promptement à l'eau.

3. *Qu'est-ce que le plâtre ?* — C'est une poussière blanche qui provient d'une pierre que l'on cuit comme la pierre à chaux, et que l'on écrase sous des meules pesantes.

Pétri avec de l'eau, le plâtre forme une pâte blanche dont on recouvre les plafonds, l'intérieur des murs et des cloisons ; on en peut aussi faire des statues, des ornements aux murs des maisons.

LE MARBRE — L'ALBATRE — L'ARDOISE

4. *Qu'est-ce que le marbre ?* — C'est une pierre calcaire blanche ou colorée. On trouve des marbres blancs, très chers, dont on fait des statues, des marbres jaunes, des rouges, des verts, des noirs ou de couleurs mélangées.

Le marbre se découpe avec une scie comme le bois, il se polit facilement ; on en fait des planchers, des escaliers, des colonnes ; il sert à la décoration des palais et à la fabrication de meubles et de bijoux.

5. *Qu'appelle-t-on albâtre ?* — C'est une pierre blanche, quelquefois jaune, qui ressemble au marbre et qui est employée aux mêmes usages.

6. *Qu'est-ce que les ardoises ?* — C'est aussi des sortes de pierre que l'on trouve dans la terre par feuilles minces. On les taille en petits morceaux pour couvrir les maisons en Europe.

LES PIERRES PRÉCIEUSES

7. *Qu'appelle-t-on pierres précieuses ?* — Les pierres précieuses ou gemmes sont des substances diverses que l'on trouve surtout dans les sables des rivières.

Elles sont chères à cause de leur rareté et de leurs belles couleurs.

Les principales sont : le **diamant**, le **rubis** oriental, les plus rares et les plus chères; le **saphir**, ordinairement bleu, la **topaze** jaune, l'**émeraude** verte, l'**améthyste** violette, la **turquoise** d'un beau bleu.

L'**agate**, l'**onyx** sont des pierres fines.

Les pierres précieuses et les pierres fines taillées servent à la fabrication des bijoux : bagues, boucles d'oreilles, bracelets, colliers, etc.

On les imite avec du verre de différentes couleurs.

DOUZIÈME LEÇON

LES MÉTAUX

1. *Quels sont les métaux les plus utiles?* — C'est le **fer**, le **cuivre**, l'**or**, l'**argent**, le **plomb**, le **zinc** et l'**étain**.

2. *Comment trouve-t-on ces métaux?* — On les trouve dans la terre au fond des mines, comme la houille, sous la forme de **minerais**. Il y a des minerais qui contiennent du fer, d'autres du cuivre, d'autres du plomb.

LE FER — LA FONTE — L'ACIER

3. *Comment retire-t-on le fer de son minerai?* — Quand le minerai est monté du fond de la mine, on le verse dans un **haut fourneau** avec de la houille ou du bois. Dans ce fourneau est allumé un grand feu, qui ne s'éteint jamais et qu'on souffle toujours avec des soufflets énormes. La chaleur est si grande que le minerai devient liquide et tombe au fond. Alors on débouche un petit trou et le fer fondu coule en dehors comme un ruisseau de feu. En se refroidissant il durcit et forme la **fonte**.

La fonte est cassante, elle se brise facilement aux chocs ;

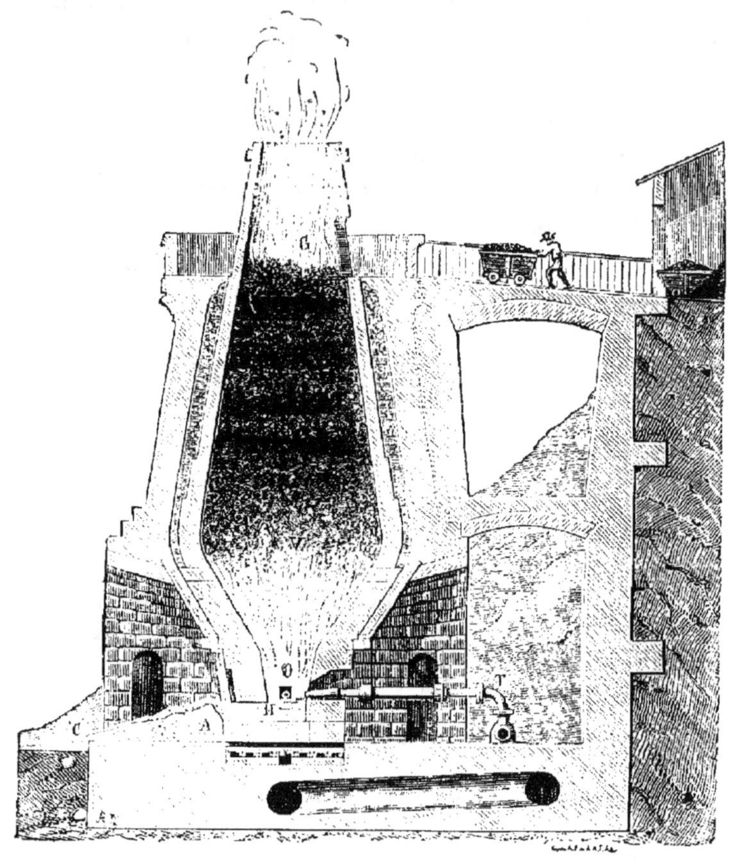

Haut fourneau.

pour avoir de bon fer, il faut la refondre et la frapper long-temps avec de lourds marteaux appelés **marteaux-pilons**. Le fer peut alors être mis en fils, en feuilles ou en barres, de toutes les façons.

4. *Qu'est-ce que l'acier ?* — C'est une sorte de fer; jeté tout rouge encore dans l'eau froide, il a la propriété de devenir très dur et cassant; on le nomme alors **acier trempé** et il sert à la fabrication des **outils tranchants** tels que **couteaux, canifs, ciseaux, rasoirs, sabres, épées, poignards.** Les **ressorts**, les **aiguilles**, les **plumes**, les **limes** sont aussi en acier trempé.

5. *Quels sont les usages du fer ?* — Le fer est le plus utile de tous les métaux; on l'emploie à l'état de fonte, de fer et d'acier, en fils, en feuilles ou en barres; rougi au feu, on peut lui donner toutes les formes avec le marteau; coulé dans des moules, il prend la forme de tous les objets.

En fonte, on fait des tuyaux à eau et à gaz, des fourneaux de cuisine, des colonnes, des poutres et des ustensiles de cuisine.

Les outils du jardinier, du cultivateur et de tous les ouvriers, les ponts, les machines à vapeur sont en fer et en acier; on construit même des vaisseaux tout en fer.

6. *Qu'appelle-t-on tôle et fer-blanc ?* — La tôle est du fer en feuilles minces; le **fer-blanc** est le nom donné à la tôle étamée, c'est-à-dire recouverte d'une couche d'étain. On s'en sert pour faire des boîtes de toutes sortes et des ustensiles de cuisine.

TREIZIÈME LEÇON

LE CUIVRE — LE BRONZE — LE LAITON

1. *Tous les minerais se traitent-ils comme le minerai de fer ?* — Non; chaque minerai doit être traité selon sa nature; mais tous ont besoin d'être fondus et beaucoup travaillés pour fournir du métal pur.

2. *A quoi sert le cuivre?* — C'est un métal rouge, avec lequel on fait des chaudières, des casseroles, etc., il est surtout employé sous le nom de **bronze** et de **laiton** ou **cuivre jaune**.

3. *Qu'est-ce que le bronze?* — On appelle ainsi un métal composé de cuivre et d'étain fondus ensemble. Il sert pour faire des **cloches**, des **médailles**, des **pièces de monnaie**, des **pendules**, et différents objets d'ornement.

4. *Qu'est-ce que le laiton?* — C'est un métal que l'on obtient en fondant ensemble du cuivre et du zinc. Il est plus employé que le cuivre rouge, il se polit mieux et ne se couvre pas de **vert-de-gris**, qui rend le cuivre malsain. On l'emploie dans la fabrication des **épingles**, des **lampes**, des **boutons**, des **robinets** et d'une grande quantité d'objets servant à l'ornement des maisons, des voitures, etc.

LE ZINC — L'ÉTAIN

5. *A quoi servent le zinc et l'étain?* — Ce sont deux métaux gris que l'on emploie presque toujours en feuilles.

Le zinc sert à faire des **baignoires**, des **gouttières**, des **arrosoirs** et divers autres vases. Avec l'étain on fabrique aussi des **cuillères**, des **fourchettes** et divers ustensiles à bon marché.

Une mince couche d'étain empêche le fer de se couvrir de rouille, et le cuivre, de vert-de-gris. C'est pour cela qu'on étame les ustensiles de cuisine en cuivre et en fer.

LE PLOMB

6. *Quels sont les usages du plomb?* — C'est un métal gris, mou, pesant, qui fond facilement; on l'emploie pour faire le **plomb** et les **balles** des chasseurs, les **petits tuyaux** à eau

et à gaz; on le mêle au sable pour fabriquer le plus beau verre.

Il ne faut pas se servir de vases en plomb pour conserver les aliments, car ce métal contient un poison aussi dangereux que le vert-de-gris.

L'OR — L'ARGENT

7. *A quoi servent l'or et l'argent?* — Ce sont des métaux précieux qui ne s'altèrent pas à l'air ; ils conservent toujours leur couleur claire; aussi on s'en sert dans la fabrication des monnaies, des bijoux et de beaucoup d'objets d'ornement.

Ils peuvent se mettre en feuilles très minces et en fils très fins. On recouvre de feuilles d'or des ornements en bois et en plâtre. On peut dorer et argenter tous les métaux. Avec les fils d'or et d'argent on fait des broderies pour les habits des dames, des beys, des pachas, des officiers, etc.

QUATORZIÈME LEÇON

LES PLUMES

1. *Comment fabrique-t-on les plumes qui servent à écrire?* — Pour faire une plume, il faut une douzaine d'ouvriers. Le premier découpe dans une feuille d'acier un morceau de la forme d'une plume aplatie; le deuxième, avec une autre ma-

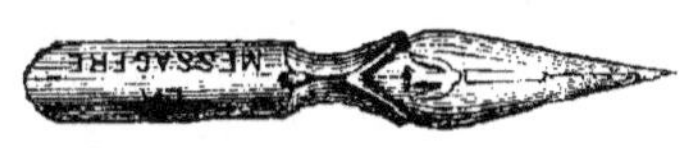

Plume métallique.

chine, y trace d'un seul coup l'écriture et les dessins; le troisième la perce et lui donne sa forme; un quatrième la chauffe et la trempe; les autres sont chargés de la nettoyer, de l'aiguiser, de lui donner une couleur ou de l'étamer. Le dernier fend le bec en deux morceaux.

Chaque ouvrier accomplit toujours le même travail et acquiert par l'habitude une habileté extraordinaire. De cette façon, on arrive à fabriquer cent plumes à la minute.

LES ÉPINGLES

2. *Avec quoi sont fabriquées les épingles?* — Elles sont en fer ou en laiton.

Quatorze ouvriers travaillent à faire une épingle. Le fil de fer ou de laiton est promptement coupé, aiguisé en pointe, arrondi à la tête; puis l'épingle est trempée, lavée, polie, étamée, séchée et mise en paquets.

On arrive ainsi à fabriquer des milliers d'épingles à l'heure.

LES AIGUILLES

5. *Les aiguilles sont-elles fabriquées de la même façon?* — Les aiguilles sont en acier trempé; chacune passe par les mains de plus de quatre-vingts ouvriers.

LES USINES

4. *Trouve-t-on beaucoup de métaux et d'usines en Égypte?* — L'Égypte n'a que quelques mines de fer et de cuivre, dans la Haute-Égypte; tous ses métaux lui viennent d'Europe; comme elle n'a ni bois ni houille, elle n'a que des usines à sucre et quelques fonderies de fer, à Alexandrie et au Caire. Il n'y a pas de fonderies de minerais.

QUINZIÈME LEÇON

LES SAVONS

1. *Qu'est-ce que le savon que l'on emploie pour laver le*

linge et les mains? — C'est une substance composée de **graisse, d'huile, de potasse et de soude.**

2. *D'où viennent chacune de ces matières?* — La graisse se trouve dans le corps des animaux; les huiles se retirent des graisses ou des fruits et des graines de certaines plantes; la potasse se trouve dans la cendre des plantes qui poussent loin de la mer; et la soude dans le sel et dans la cendre des plantes qui poussent dans la mer ou au bord de la mer. On trouve toutes ces matières chez les **épiciers.**

3. *Comment fabrique-t-on le savon?* — 1° Dans une grande chaudière remplie d'eau **bouillante** on fait dissoudre de la soude ou de la potasse, avec un peu de chaux; 2° on verse de l'huile, un peu de sel et on laisse bouillir jusqu'à ce que la pâte devienne épaisse; 3° quand le savon est assez cuit, on le coule dans de petites caisses, où il se refroidit et reste pendant dix ou douze jours; 4° on le découpe par barres ou par morceaux pour le vendre.

4. *Qu'appelle-t-on savons de toilette?* — Ce sont des savons fins auxquels on a ajouté des couleurs et des odeurs; ils se fabriquent comme les autres.

Les savons durs sont faits à la soude, et les savons mous à la potasse.

LA TEINTURE — LES COULEURS

5. *La couleur naturelle du coton est blanche; tous les tissus de coton sont-ils blancs?* — Non; par la **teinture** on obtient toutes les couleurs, et par l'impression on reproduit tous les dessins. On peut teindre les fils ou l'étoffe tissée.

6. *De quelles matières se sert-on pour teindre les étoffes?* — Les **matières colorantes** sont très nombreuses et de natures

diverses; la plupart sont fournies par les plantes et par les métaux.

7. *Comment obtient-on les couleurs et les dessins?* — Pour teindre les étoffes, on les plonge dans une eau où l'on a fait dissoudre les couleurs.

L'impression qui consiste à fixer sur les étoffes des dessins coloriés exige un matériel très compliqué. Les dessins doivent d'abord être tracés sur une planche ou un rouleau, puis recouverts de couleurs; quand l'étoffe est appuyée sur le dessin, les couleurs s'y attachent.

LA PEINTURE

8. *La peinture a pour but d'appliquer sur du papier ou*

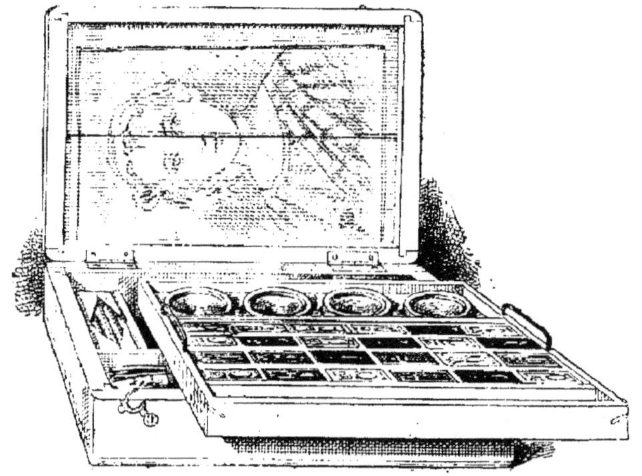

Boîte de couleurs.

des étoffes des couleurs qui disparaissent au lavage. De quoi se servent les écoliers pour peindre leurs dessins? — De couleurs disposées en tablettes. Presque toutes ces couleurs sont tirées du plomb, et sont des poisons. Il ne faut donc pas en mettre dans sa bouche.

SEIZIÈME LEÇON

LE FEU — LES ALLUMETTES

1. *Nous avons souvent parlé du* feu. *Comment obtient-on le feu?* — Pour avoir du **feu**, il faut : 1° du bois, du charbon, de la houille ou toute autre matière **combustible**, c'est-à-dire qui puisse brûler; 2° de l'air : sans air, pas de feu : c'est pour donner de l'air au combustible et le faire brûler plus vite qu'on souffle le feu; 3° une flamme qui mette le feu au combustible.

2. *De quoi se sert-on pour allumer le feu, la lampe, la bougie?* — On se sert d'une **allumette**, qui prend feu au moindre frottement.

3. *Comment fabrique-t-on les allumettes?* — 1° On découpe de petits morceaux de bois léger très sec; 2° on trempe un bout de ces morceaux dans du **soufre fondu**; 3° on plonge le même bout dans une pâte rouge ou bleue contenant du **phosphore**. Quand les allumettes sont sèches, on les met en boîtes.

On fabrique aussi des allumettes qui ressemblent à de petites bougies et qui n'ont pas besoin de soufre.

4. *Pourquoi faut-il employer du soufre et du phosphore?* — Frottons une allumette. D'abord nous voyons une petite flamme brillante et une fumée blanche, c'est le phosphore, qui brûle très vite; puis la flamme devient bleue, la fumée fait tousser, c'est le soufre, qui brûle lentement et met le feu au bois. Sans le soufre, le bois ne s'enflammerait pas; sans le phosphore, l'allumette ne prendrait pas feu, car le soufre ne s'enflamme pas au moindre frottement comme le phosphore.

5. *Qu'est-ce que le soufre et le phosphore ?* — Le soufre est un corps jaune que l'on trouve dans la terre aux environs des volcans.

Le phosphore se retire des os ; c'est une matière dangereuse qui brûle seule à l'air et qui empoisonne les ouvriers qui le travaillent ; il empoisonnerait aussi ceux qui succeraient les allumettes. Pour éviter les accidents, on colore en rouge ou en bleu le bout phosphoré des allumettes.

6. *Comment ceux qui n'ont pas d'allumettes obtiennent-ils du feu ?* — Les sauvages enflamment deux morceaux de bois en les frottant très rapidement, ou bien ils frappent deux cailloux l'un contre l'autre et font jaillir une étincelle qui met le feu à des matières faciles à enflammer.

7. *Qu'appelle-t-on incendie ?* — C'est un grand feu qui dévore les maisons et tout ce qu'elles contiennent. Ils sont souvent causés par des allumettes qu'on jette imprudemment.

Pour les éteindre, on se sert de machines spéciales nommées pompes à incendie : quelques-unes sont à vapeur ; d'autres sont mises en mouvement par des hommes appelés **pompiers.**

DIX-SEPTIÈME LEÇON

LES MONNAIES

1. *Avec quoi fabrique-t-on les pièces de monnaie ?* — Les pièces de monnaie sont en or, en argent, en nickel et en bronze. Chaque pays a ses pièces particulières.

2. *Quelles sont les pièces de monnaie d'Égypte ?* — Les pièces de nickel sont : celles de un millième, deux millièmes et cinq millièmes ou petite piastre, ou piastre courante.

Monnaies Égyptiennes.

Les pièces d'argent sont :

Une piastre tarif P. T., qui vaut dix millièmes, deux piastres, cinq piastres, dix piastres et vingt piastres.

Les pièces d'or sont :

La guinée ou Livre égyptienne, qui vaut cent piastres Tarif; la demi-guinée, qui vaut cinquante P. T., et le quart de guinée, qui vaut vingt-cinq P. T.

En plus, on trouve encore quelques paras de bronze.

3. *Tous les peuples se servent-ils de pièces de monnaie?* — Tous les peuples civilisés ont des pièces de monnaie. Les sauvages donnent une chèvre pour des poules ou pour autre chose; leur commerce se fait en échangeant les produits de la terre. C'est ainsi que faisaient tous les peuples avant qu'on n'eût inventé la monnaie.

Aujourd'hui la monnaie est une marchandise universelle, que toutes les personnes acceptent.

DIX-HUITIÈME LEÇON

LA POSTE

Quand vous avez quelque chose à dire à votre voisin, vous allez le trouver et vous lui parlez; si ce camarade demeurait loin de votre maison, vous lui enverriez une lettre par la poste.

1. *Qu'est-ce que la poste?* — C'est une **administration** qui se charge de transporter les lettres, les journaux et les petits paquets et de les remettre à ceux à qui ils sont adressés.

La poste existe dans tous les pays civilisés.

2. *Où faut-il déposer sa lettre pour que la poste la prenne?* — Dans chaque ville ou village important se trouve

une maison appelée **bureau de poste** avec une boîte, dans laquelle on jette la lettre. Dans les grandes villes, on peut les déposer dans des boîtes placées dans quelques rues.

3. *Quelle somme faut-il payer pour la faire porter par la poste?* — Il suffit d'acheter un **timbre-poste**, dont la valeur change selon le poids de la lettre ou du paquet et selon la distance. Pour l'Europe, il coûte une P. T.; pour l'Égypte, c'est une piastre courante.

4. *Comment une lettre peut-elle aller d'Alexandrie à Siout, par exemple?* — C'est bien simple. La lettre est enfermée dans une **enveloppe** sur laquelle on a eu soin d'écrire l'adresse, c'est-à-dire le nom de la personne qui doit la recevoir, et la ville où elle demeure. Elle a été mise dans une des boîtes aux lettres d'Alexandrie; un employé de la poste l'a mise dans un sac avec toutes les lettres pour Siout, et a envoyé le sac au chemin de fer qui le transportera jusqu'à Siout.

Dans cette ville il y a un bureau de poste; le sac y est porté, et toutes les lettres qu'il contient sont distribuées par les **facteurs** aux personnes désignées sur l'adresse.

Si la lettre était adressée en Europe, on la déposerait dans un bateau qui la transporterait dans le pays indiqué.

LE TÉLÉGRAPHE

5. *Les lettres voyagent rapidement, cependant elles mettent plusieurs jours pour aller en Europe; que faudrait-il faire si l'on voulait envoyer une lettre en quelques heures?* — Il faudrait alors envoyer une **dépêche** par le **télégraphe**.

Le télégraphe est un appareil très ingénieux qui peut écrire à travers les pays et les mers des lettres qu'on dépose au bureau du télégraphe; il ne faut pas une heure pour qu'elle soit écrite en Italie, en France ou en Angleterre.

Mais ces sortes de lettres coûtent très cher.

DIX-NEUVIÈME LEÇON

LES RACES HUMAINES

1. *Tous les hommes se ressemblent-ils?* — Non; ils diffèrent les uns des autres selon les pays qu'ils habitent; leur

Race blanche.

Race jaune.

Race noire.

Race rouge

corps est partout à peu près semblable, mais ils n'ont pas la même couleur, et ne sont pas de la même race.

2. *Combien compte-t-on de races humaines?* — On en peut distinguer quatre principales, qui se divisent en plusieurs familles : c'est la **race blanche**, la **race jaune**, la **race noire** et la **race rouge**.

3. *Quels sont les caractères de chacune de ces races?* — La **race blanche** se distingue par la couleur blanche de la peau, les cheveux et la barbe épais. Elle habite l'Europe ; on y rattache les Égyptiens, les Arabes, les Arméniens, les Juifs, les Perses.

La **race jaune** peuple la Chine, l'Indo-Chine, et le Japon. Les peuples de cette race ont les yeux obliques, les cheveux et la barbe noirs et peu épais ; la peau plus ou moins jaune. On y rattache les Turcs et les Hongrois, qui habitent l'Europe.

Les **noirs** ou **nègres** ont la peau noire, les cheveux et la barbe frisés, les bras longs, ils sont robustes. Beaucoup ne sont pas encore civilisés. Cette race peuple la plus grande partie de l'Afrique et des îles de l'Océanie.

La **race rouge** ou **cuivrée** peuplait autrefois l'Amérique ; aujourd'hui l'Amérique est peuplée de blancs et de quelques nègres ; les Peaux-Rouges ne se rencontrent plus que dans quelques forêts où ils vivent à l'état sauvage.

VINGTIÈME LEÇON

L'IMPRIMERIE

1. *Nous sommes arrivés à la dernière leçon, nous la consacrerons à l'histoire de ce livre. Comment a-t-il été composé?* — Ce livre a d'abord été écrit tout entier à la main avec une plume ; puis il a été porté chez l'**imprimeur**, qui l'a **imprimé**, écrit tel que vous le voyez.

2. *Comment imprime-t-on?* — Pour imprimer, on se sert de lettres de métal, appelées **types**.

En plaçant les lettres de métal les unes à côté des autres, on arrive à faire des mots, des lignes et des pages.

Les ouvriers imprimeurs **composent** toutes les pages du livre avec des lettres de métal.

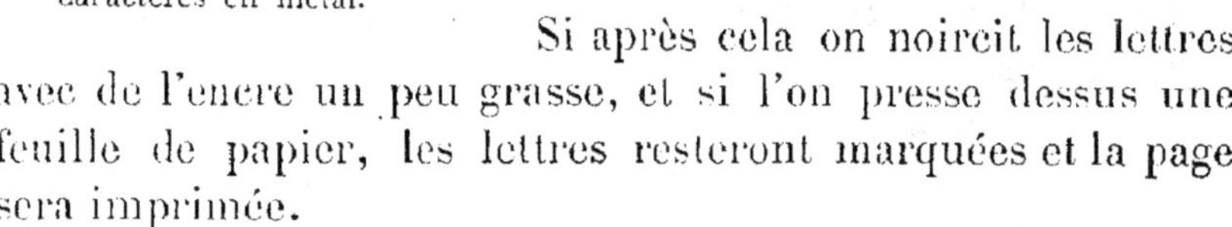

Caractères en métal.

Si après cela on noircit les lettres avec de l'encre un peu grasse, et si l'on presse dessus une feuille de papier, les lettres resteront marquées et la page sera imprimée.

Quand toutes les pages sont imprimées, on les plie, on les coud ensemble, on les **relie** en un livre.

On peut recommencer plusieurs centaines de fois, et l'on imprime avec les mêmes lettres plusieurs centaines de livres.

3. *Depuis quand imprime-t-on des livres?* — Depuis plus de quatre siècles, depuis qu'un Allemand nommé Jean Gutenberg inventa la presse à imprimer et les lettres mobiles en métal.

Avant ce temps, les livres étaient écrits à la main, ils étaient rares et très chers ; alors il était très difficile de s'instruire.

4. *Peut-on imprimer autre chose que des livres?* — On imprime des journaux, des images.

Aujourd'hui on a des machines très ingénieusement construites, qui reproduisent tous les dessins et toutes les couleurs. Il suffit de remplacer les lettres de métal par des pierres spéciales ou des plaques d'acier ou de cuivre sur lesquelles le dessin a été exécuté, et l'encre noire par des couleurs.

C'est avec des machines semblables qu'on imprime les dessins coloriés sur les étoffes.

5. *Quelle est l'utilité de l'imprimerie?* — Elle a permis de multiplier les livres et de les vendre à bas prix; elle a ainsi mis l'instruction à la portée de tous, et contribué pour la plus grande part au progrès de l'humanité.

FIN

TABLE DES MATIÈRES

PROGRAMME DE PREMIÈRE ET TROISIÈME ANNÉES

PREMIÈRE PARTIE

1re Leçon. — Les Animaux		1
— — Le Chat		2
— — Le Chien		3
2e Leçon. — Le Cheval — l'Âne		3
— — Le Bœuf		4
— — La Chèvre — le Mouton		5
3e Leçon. — Le Chameau		6
— — Le Renne		7
— — L'Éléphant		8
4e Leçon. — Les Oiseaux		9
5e Leçon. — Les Batraciens — Les Reptiles		12
— — Le Lézard		13
— — Le Crocodile		14
— — La Tortue		15
— — Les Serpents		16
6e Leçon. — Les Insectes		17
— — Les Insectes utiles — L'Abeille — Le Ver à soie		18
7e Leçon. — Les Poissons		19
8e Leçon. — La Baleine — Le Phoque — Le Morse		22
9e Leçon. — Les Singes		24
— — Les Ours		26

DEUXIÈME PARTIE

10e Leçon. — Les Plantes		27
11e Leçon. — L'Utilité des plantes		30
12e Leçon. — Les Fruits — Les Légumes		32
— — Les Plantes fourragères		33
13e Leçon. — La Canne à sucre		33
— — Le Café — Le Thé		33

TROISIÈME PARTIE

14e Leçon. — Les Parties du corps		56
15e Leçon. — Les Os		59

15e Leçon. — La Chair — Les Muscles. 39
—   — Les Nerfs — Le Cerveau 40
—   — La Peau 41
16e Leçon. — La Circulation du sang. 41
—   — Les Poumons 42
—   — La Digestion 43
17e Leçon. — La Classe 44
—   — Le Papier 45
18e Leçon. — Les Habitations 46
19e Leçon. — Les Meubles. 48
—   — La Vaisselle. 48
—   — Les Ustensiles de cuisine. 49
20e Leçon. — L'Éclairage 49
—   — La Chandelle — La Bougie 49
21e Leçon. — Les Boutiques. 51
22e Leçon. — Les Vêtements. 53
—   — Le Coton 53
—   — Le Chanvre — Le Lin 53
—   — La Laine 55
23e Leçon. — La Soie. 56
—   Les Tailleurs 57
24e Leçon. — La Coiffure. 58
—   — La Chaussure. 58
—   — Le Cuir — Le Tannage. 58
25e Leçon. — Les Voies de communication. 59
—   — Le Chemin de fer. 60
26e Leçon. — L'Eau — Les Nuages — La Neige — La Grêle. 62
27e Leçon. — Le Canal. 65
—   — Les Écluses — Les Ponts. 66
—   — Les Différentes sortes d'eaux 67
28e Leçon. — Le Sel. 67
—   — Les Épices. 68
29e Leçon. — Le Temps. 69
30e Leçon. — Le Soleil — La Lune — Les Saisons. 71

PROGRAMME DE DEUXIÈME ET QUATRIÈME ANNÉES

PREMIÈRE PARTIE

1re Leçon. — Les Bêtes de somme. 73
—   — Les Carnassiers 73
—   — Les Oiseaux de proie. 74
—   — Les Oiseaux chanteurs 75
2e Leçon. — Les Herbivores. 76
—   — Les Rongeurs 77
—   — Les Kangourous — Les Sarigues. 78
3e Leçon. — Les Papillons. 80
—   — L'Araignée — Le Scorpion 83

4ᵉ Leçon. — Les Mollusques — Les Crustacés..   84
   —   — Les Éponges — Le Corail..   85

DEUXIÈME PARTIE

5ᵉ Leçon. — Les Céréales..   87
6ᵉ Leçon. — Le Sucre..   88
   —   — Les Plantes industrielles   89
7ᵉ Leçon. — Les Forêts..   90

TROISIÈME PARTIE

8ᵉ Leçon. — L'Argile..   94
   —   — Les Briques — Les Tuiles..   94
   —   — La Poterie..   95
9ᵉ Leçon. — Le Sable   96
   —   — Le Verre   97
10ᵉ Leçon. — Les Charbons   98
   —   — La Houille..   98
   —   — Le Charbon de bois.. 100
   —   — Le Coke — Le Graphite — Le Jais — Le Diamant. 100
11ᵉ Leçon. — Les Pierres.. 101
   —   — Le Marbre — L'Albâtre — L'Ardoise. 102
   —   — Les Pierres précieuses 102
12ᵉ Leçon. — Les Métaux. 103
   —   — Le Fer — La Fonte — L'Acier 103
13ᵉ Leçon. — Le Cuivre — Le Bronze — Le Laiton.. 105
   —   — Le Zinc — L'Étain. 106
   —   — Le Plomb.. 106
   —   — L'Or — L'Argent.. 107
14ᵉ Leçon. — Les Plumes. 107
   —   — Les Épingles.. 108
   —   — Les Aiguilles.. 108
   —   — Les Usines 108
15ᵉ Leçon. — Les Savons 108
   —   — La Teinture — Les Couleurs.. 109
   —   — La Peinture.. 110
16ᵉ Leçon. — Le Feu — Les Allumettes.. 111
17ᵉ Leçon. — Les Monnaies. 112
18ᵉ Leçon. — La Poste 114
   —   — Le Télégraphe.. 115
19ᵉ Leçon. — Les Races humaines. 116
20ᵉ Leçon. — L'Imprimerie 117

Coulommiers. — Imp. PAUL BRODARD. - 692-97.